高等学校应用型本科“十三五”规划教材

机械工程控制基础实验教程

刘国华　编著

西安电子科技大学出版社

内容简介

本书是“机械工程控制基础”课程的配套教材，紧密结合该课程的基本内容，设计了多个实验，涵盖控制工程的主要知识单元；同时，考虑到该课程是一门独立实验课程，因此本书也保证了知识上的独立性和完整性。本书将理论与实践紧密结合，引导学生发现问题、分析问题、解决问题，从而建构理论、形成观点、提高能力。

本书在实验内容安排上遵循由简到难、循序渐进的原则，实验环节设置验证性、设计性和综合性三种实验类型，实验单元多种类、多类型，并对目前控制工程实验中最常用的技术手段和方法进行了集中介绍，可供不同院校根据自身条件进行选择。

本书可作为应用型本科院校机械工程类专业、测控技术及仪器类专业的本科教材。

图书在版编目(CIP)数据

机械工程控制基础实验教程/刘国华编著. 一西安：西安电子科技大学出版社，2019.1
ISBN 978-7-5606-5166-8

Ⅰ. ① 机…　Ⅱ. ① 刘…　Ⅲ. ① 机械工程－控制系统－实验－高等学校－教材　Ⅳ. ① TH-39

中国版本图书馆 CIP 数据核字(2018)第 294694 号

策划编辑　秦志峰
责任编辑　师马玮　秦志峰
出版发行　西安电子科技大学出版社(西安市太白南路 2 号)
电　　话　(029)88242885　88201467　　邮　　编　710071
网　　址　www.xduph.com　　电子邮箱　xdupfxb001@163.com
经　　销　新华书店
印刷单位　陕西利达印务有限责任公司
版　　次　2019 年 1 月第 1 版　2019 年 1 月第 1 次印刷
开　　本　787 毫米×1092 毫米　1/16　印　张　10.25
字　　数　237 千字
印　　数　1～2000 册
定　　价　28.00 元
ISBN 978-7-5606-5166-8/TH

XDUP 5468001-1

＊＊＊如有印装问题可调换＊＊＊

前　言

目前，自动控制技术已广泛地应用于工农业生产、交通运输和国防建设。自动控制理论和实验技术也有了很大的发展，它的概念、方法和体系已经渗透到许多学科领域。“机械工程控制基础”已经成为工科院校的一门重要基础课程。实验课对提高学生的动手能力、分析问题和解决问题的能力起着非常重要的作用，本书是“机械工程控制基础”课程教学中不可缺少的内容。

本书参考了相关院校的机械控制基础实验指导书，根据作者多年从事控制理论与控制工程方面实践教学的经验编写而成。作者考虑到教材的通用性，编写了多个实验项目，同时将工程上的经典案例融入本书中，较全面地涵盖了经典控制理论知识的重点和难点。本书实验内容不仅在教学上具有典型性和代表性，而且在实验技术上具有实践性和应用性。这些实验内容与理论知识的重点、难点紧密结合，运用实验的手段有效地将枯燥难记的知识转变成实际实验现象加以分析、研究，在实践中验证理论，又在实践中发展理论，从而培养读者理论与实践相结合、开拓创新思维的能力。

本书以实验项目为主线，以方法论为编写宗旨，精心编写实验内容。通过一些有代表性的范例，从设计实验方法入手，到程序设计及实验结果分析，详细地说明论证的过程，开拓读者设计实验的思维。范例中的所有程序均已由作者测试通过，所有的波形曲线均由范例中的程序运行而得，读者可以直接使用。特别是本书将倒立摆系统作为控制理论研究的一种实验手段和实验平台，用来检验控制理论或方法的典型方案，可以培养读者的实践能力和独立思考能力。

MATLAB/Simulink 软件是自动控制领域用于控制系统建模、分析计算、仿真与设计的主要工具，本书基于 MATLAB/Simulink 编写了大量的实验项目，读者可通过范例编程上机实践，进一步理解控制系统的基本理论及提高运用计算机辅助工具进行系统分析和设计的能力。本书中的所有软件实验不要求读者具备很专业的 MATLAB 语言基础，只需要具备一些计算机高级语言基础知识即可。读者通过本书第 3 章的入门学习，就可以轻松读懂范例中的程序。范例中的程序尽量使用简洁的语句编写，没有插入自编函数，简单易懂，可读性较好。

本书可作为应用型本科院校机械工程类专业、测控技术及仪器类专业本科生的“机械工程控制基础”实验教材与学习自动控制原理的辅助参考书，也可供成人教育和继续教育学生学习“机械工程控制基础”课程时参考。

本书由刘国华执笔，段建春、郑祥通、李飞、张琴涛参与编写工作并进行程序实验，全书由刘国华负责统稿、定稿。在编写过程中，作者参考了大量书籍、资料和网站文献，也引用了其中部分内容，在此对原作者表示衷心的感谢。付鹏、李志文、武斌斌等也参与了本书的资料整理工作，在此一并表示感谢。

由于作者水平有限，书中疏漏和不足之处在所难免，敬请读者不吝指正。

作　者

2018 年 6 月

目　录

第1章 基础知识

1.1 线性定常系统概述

1.1.1 线性定常系统的数学模型和基本性质

线性定常系统的输出变量 $x_o(t)$ 和输入变量 $x_i(t)$ 动态关系的一般表达式为

$$a_n \frac{d^n x_o(t)}{dt^n} + a_{n-1} \frac{d^{n-1} x_o(t)}{dt^{n-1}} + \cdots + a_1 \frac{dx_o(t)}{dt} + a_0 x_o(t)$$
$$= b_m \frac{d^m x_i(t)}{dt^m} + b_{m-1} \frac{d^{m-1} x_i(t)}{dt^{m-1}} + \cdots + b_1 \frac{dx_i(t)}{dt} + b_0 x_i(t) \tag{1-1}$$

式中，a_0、a_1、…、a_n 及 b_0、b_1、…、b_m 均为由系统结构、参数决定的常系数。用式(1-1)描述的系统具有如下本质特性。

(1) 齐次性(均匀性)。如果系统在输入 $x(t)$ 作用下的输出为 $y(t)$，并记为 $x(t) \to y(t)$，则 $kx(t) \to ky(t)$(k 为常数)，称为齐次性。

(2) 叠加性。若系统在输入 $x_1(t)$ 作用下的输出为 $y_1(t)$，而在另一个输入 $x_2(t)$ 作用下的输出为 $y_2(t)$，并记为

$$x_1(t) \to y_1(t)$$
$$x_2(t) \to y_2(t)$$

则 $x_1(t)+x_2(t) \to y_1(t)+y_2(t)$，称为叠加性或叠加原理。

上述(1)、(2)又可表示为叠加原理的形式：若 $y_1(t)$ 是系统在 $x_1(t)$ 作用下的输出，$y_2(t)$ 是系统在 $x_2(t)$ 作用下的输出，对于任意的实数 α 和 β，则 $\alpha x_1(t)+\beta x_2(t)$ 作用下的输出为 $\alpha y_1(t)+\beta y_2(t)$。

(3) 时不变性。若 $c(t)$ 是系统在 $r(t)$ 作用下的输出，对于任意的实数 t_0，则 $r(t-t_0)$ 作用下的输出为 $c(t-t_0)$。时不变性表明系统的性质与开始研究系统的时间无关，因此总可假定开始研究系统的时刻为零时刻。

(4) 因果性。若系统在 t 时刻的输出只取决于 t 时刻和在 t 之前的输入，而和 t 时刻之后的输入无关，则称系统具有因果性。任何实际的物理系统都是具有因果性的。通俗地说，任何实际物理过程，结果总不会在引起这种结果的原因发生之前产生。所以又称因果关系为物理可实现性。

1.1.2 线性定常系统的基本动力学特性

1. 系统的传递函数

在零初始条件下(初始输入和输出及它们的各阶导数均为零)，对式(1-1)进行拉氏变

换，可得到输出量与输入量的拉氏变换之比，即可得到系统的传递函数为

$$G(s)=\frac{X_o(s)}{X_i(s)}=\frac{b_m s^m+b_{m-1}s^{m-1}+\cdots+b_1 s+b_0}{a_n s^n+a_{n-1}s^{n-1}+\cdots+a_1 s+a_0} \tag{1-2}$$

若已知输入量为$X_i(s)$，由式(1-2)可求出系统的输出量：

$$X_o(s)=G(s)\,X_i(s) \tag{1-3}$$

2. 系统的单位脉冲响应

系统在输入为单位脉冲信号 $x_i(t)=\delta(t)$时的输出称为系统的单位脉冲响应，记为$x_o(t)$。

由输入 $x_i(t)=\delta(t)$，$X_i(s)=1$，故有

$$x_o(t)=L^{-1}[G(s)] \tag{1-4}$$

可以看出，系统单位脉冲响应的象函数相当于系统的传递函数。

由一阶系统的传递函数得

$$X_o(s)=\frac{1}{Ts+1}=G(s) \tag{1-5}$$

式(1-5)的拉氏反变换为

$$x_o(t)=\frac{1}{T}\mathrm{e}^{-t/T}\quad (t\geqslant 0) \tag{1-6}$$

3. 系统的频率特性

当系统的输入为各个不同频率的正弦信号时，其稳态输出与输入的复数比称为系统的频率特性函数，简称系统的频率特性，记为$G(\mathrm{j}\omega)$。$G(\mathrm{j}\omega)$为将$G(s)$中的s以$\mathrm{j}\omega$取代后的结果。

1.1.3 线性定常系统的典型结构

控制系统的典型结构如图 1-1 所示。图中$N(s)$为干扰量。

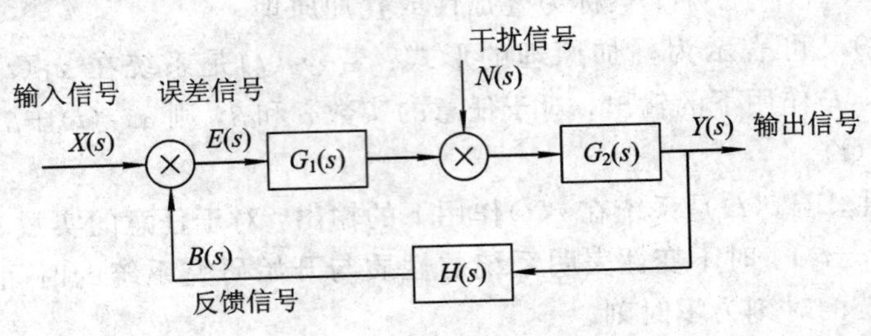

图 1-1 控制系统的典型结构

对输入引起的开环传递函数($N(s)=0$)可定义为，闭环系统的前向通道传递函数与反馈回路传递函数之积，或定义为反馈信号$B(s)$与偏差$E(s)$之比。

(1) 在输入量$X(s)$的作用下可把干扰量$N(s)$看作为零，系统的输出为$Y_R(s)$，则

$$Y_R(s)=G_R(s)X(s)=\frac{G_1(s)\cdot G_2(s)}{1+G_1(s)\cdot G_2(s)H(s)}X(s) \tag{1-7}$$

称$G_R(s)$为输出量对输入量的传递函数，即

$$G_R(s)=\frac{Y_R(s)}{X(s)}=\frac{G_1(s)\cdot G_2(s)}{1+G_1(s)\cdot G_2(s)H(s)} \tag{1-8}$$

（2）在干扰量 $N(s)$ 作用下可把输入量 $X(s)$ 看作为零，系统的输出为 $Y_N(s)$，则

$$Y_N(s) = G_N(s)N(s) = \frac{G_2(s)}{1+G_1(s)\cdot G_2(s)H(s)}N(s) \tag{1-9}$$

称 $G_N(s)$ 为输出量对干扰量的传递函数，即

$$G_N(s) = \frac{Y_N(s)}{N(s)} = \frac{G_2(s)}{1+G_1(s)\cdot G_2(s)H(s)} \tag{1-10}$$

（3）系统总的输出量：

$$Y(s) = Y_R(s) + Y_N(s) = \frac{G_2(s)}{1+G_1(s)\cdot G_2(s)H(s)}[G_1(s)\cdot X(s)+N(s)] \tag{1-11}$$

1.1.4 系统的稳定性分析

1. 代数判据

系统稳定的充要条件是其特征方程

$$D(s) = a_n s^n + a_{n-1}s^{n-1} + \cdots + a_1 s + a_0 = 0 \tag{1-12}$$

的根（或者系统传递函数的极点）全部位于 s 复平面的左半平面。如果有一个或多个根在右半平面，则系统不稳定；如果有根在虚轴上，而其余的根位于 s 平面的左半平面，则系统处于临界稳定状态（振荡）；如果有根在原点上，则系统偏离平衡点，也不稳定。多项式方程(1-12)的根是否全在 s 平面的左半平面可以用劳斯(Roth)稳定判据和赫尔维茨(Hurwitz)稳定判据进行判断。

2. 频率稳定判据

1）奈奎斯特(Nyquist)稳定判据

闭环系统稳定的充要条件是：当 ω 从 $-\infty$ 到 $+\infty$ 时，若 GH 平面上的开环频率特性为 $G_K(j\omega)$，即 $G(j\omega)H(j\omega)$ 逆时针包围点 $(-1, j0)$ P 圈，则闭环系统稳定。P 为系统的 $G_K(s)$ 在 s 平面的右半平面的极点数。

综上所述，当已知系统的 $G_K(s)$ 在 s 平面的右半平面的极点数 P 时，可分以下三种情况判别系统的稳定性。

（1）当 $P=0$，即系统开环稳定时，闭环系统稳定的充要条件是当 ω 从 $-\infty$ 变到 $+\infty$ 时，开环 Nyquist 曲线不包围 $(-1, j0)$ 点。

（2）当 $P\neq 0$，即系统开环不稳定时，闭环系统稳定的充要条件是当 ω 从 $-\infty$ 变到 $+\infty$ 时，开环 Nyquist 曲线逆时针包围 $(-1, j0)$ 点的圈数 N 等于开环传递函数在 s 平面的右半平面的极点数 P。当用 ω 从 0 到 $+\infty$ 的 Nyquist 曲线时，$N=-P/2$，系统稳定。

（3）当 Nyquist 曲线正好经过 $(-1, j0)$ 点时，则闭环系统为临界稳定系统。

2）对数稳定性判据

闭环系统稳定的充要条件是：在系统开环伯德(Bode)图上，当 ω 由 0 变到 $+\infty$ 时，在 $L(\omega)\geqslant 0$ 的范围内，开环对数相频特性正穿越与负穿越 $-180°$ 轴线的次数差为 $P/2$ 时，闭环系统稳定；否则不稳定。P 为系统开环传递函数在 s 平面的右半平面的极点数。

此时定义：由下向上穿越 $-180°$ 轴线为正穿越（因为此时相角增大），由上而下穿越 $-180°$ 轴线为负穿越（因为此时相角减小），如图 1-2 所示。

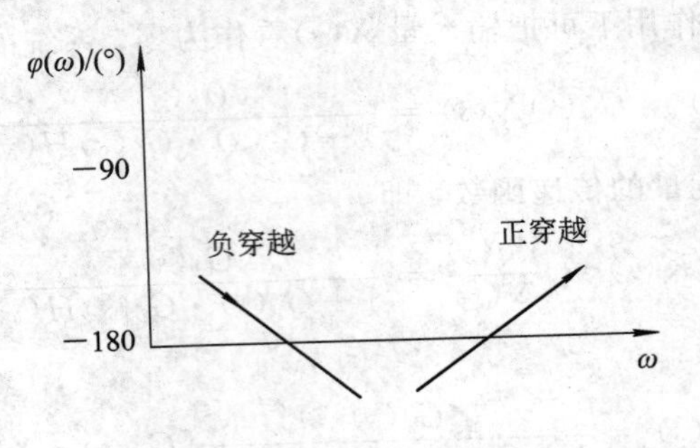

图 1-2　正穿越与负穿越

3. 稳定裕度

稳定裕度是衡量一个闭环系统稳定程度的指标，它体现了对系统品质的要求。

1）相位裕量

在 Nyquist 图中，如图 1-3(a)、(b)所示，γ 为 Nyquist 曲线与单位圆的交点 A 对负实轴的相位差值，即幅频特性为 1，幅值交界频率为 ω_c 时，

$$\gamma = 180° + \varphi(\omega_c) \tag{1-13}$$

其中 $G_K(j\omega)$ 的相位 $\varphi(\omega_c)$ 一般为负值。

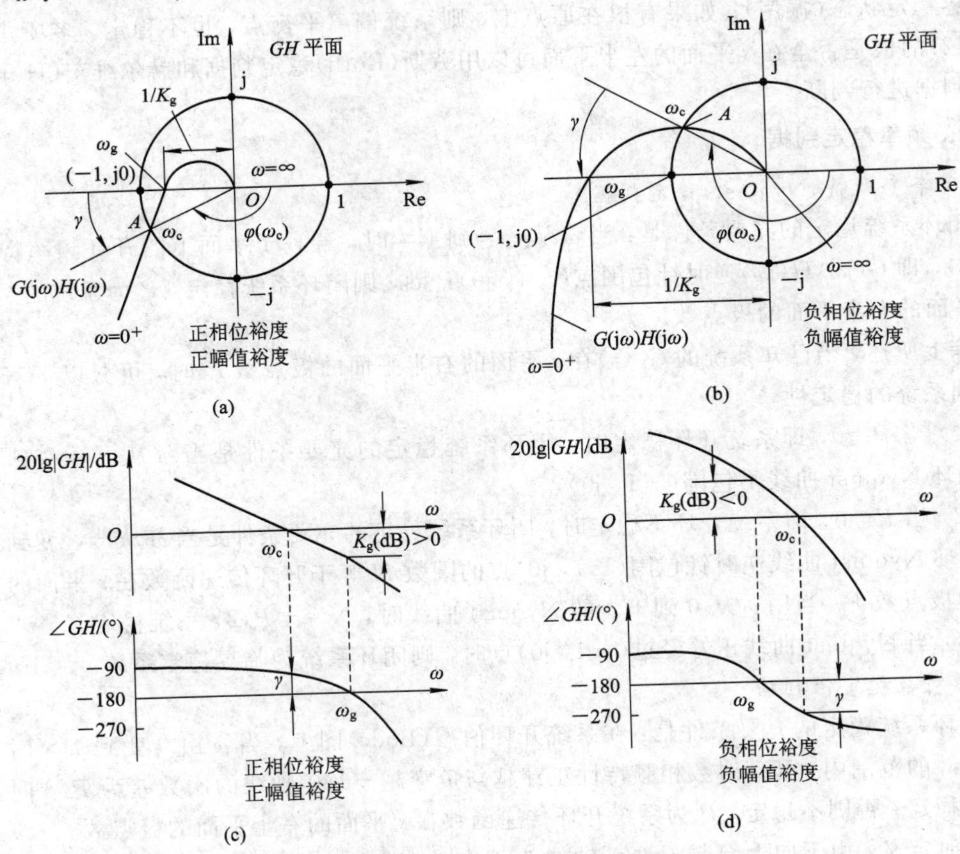

图 1-3　相位裕量 γ 和幅值裕量 K_g

对于稳定系统，γ必在Nyquist图负实轴以下，如图1-3(a)所示；对于不稳定系统，γ必在Nyquist图负实轴以上，如图1-3(b)所示。

在Bode图中，当ω为幅值交界频率$\omega_c(\omega_c>0)$时，相频特性$\angle GH$距$-180°$线的相位差值为相位裕量。图1-3(c)所示的系统不仅稳定，而且有相当的稳定性储备，它可以在ω_c的频率下，允许相位再增加γ才达到$\omega_g=\omega_c$的临界稳定状态。因此相位裕量γ也称为相位稳定性储备。

对于稳定的系统，γ必在Bode图$-180°$线以上，此时称为正相位裕量，即有正的稳定性储备，如图1-3(c)所示；对于不稳定的系统，γ必在Bode图$-180°$线以下，此时称为负相位裕量，即有负的稳定性储备，如图1-3(d)所示。

2) 幅值裕量

当ω为相位交界频率$\omega_g(\omega_g>0)$时，开环幅频特性$|G_K(j\omega_g)|$的倒数称为系统的幅值裕量，即

$$K_g=\frac{1}{|G_K(j\omega_g)|} \tag{1-14}$$

在Nyquist图上，Nyquist曲线与负实轴的交点到原点的距离即为$1/K_g$，它代表在ω_g频率下开环频率特性的模。显然，对于稳定系统，$|G_K(j\omega_g)|<1$即$1/K_g<1$，所以$K_g>1$，如图1-3(a)所示；对于不稳定系统，$|G_K(j\omega_g)|>1$即$1/K_g>1$，所以$K_g<1$，如图1-3(b)所示。

在Bode图上，幅值裕量以分贝表示为

$$20\lg K_g=20\lg\frac{1}{|G_K(j\omega_g)|}=-20\lg|G_K(j\omega_g)| \tag{1-15}$$

记做K_g(dB)。

此时，对于稳定的闭环系统，$|G_K(j\omega_g)|<1$，K_g(dB)必在0分贝线以下，为正幅值裕量，如图1-3(c)所示；对于不稳定系统，$|G_K(j\omega_g)|>1$，K_g(dB)必在0分贝线以上，为负幅值裕量，如图1-3(d)所示。

在图1-3(c)中，对数幅频特性如果上移K_g(dB)，将使系统由稳定变为临界稳定。

1.2 线性定常系统的品质分析

1.2.1 单位阶跃响应的性能指标

线性系统的性能指标取决于系统本身的特性，而与输入信号的大小无关，不同幅值的阶跃输入响应时间完全相同，仅在于幅值成正比地变化。因此对以单位阶跃输入瞬态响应形式给出的性能指标具有普遍意义。单位阶跃输入作用下，稳定系统的输出响应(如图1-4所示)通常取下列指标。

(1) 延迟时间t_d。响应曲线第一次达到稳态值的一半所需要的时间，称为延迟时间。

(2) 上升时间t_r。响应曲线从0上升到稳态值的100%所需要的时间，称为上升时间。对于过阻尼系统，通常采用从稳态值10%上升到90%所需的时间。

(3) 峰值时间t_p。响应曲线达到第一个峰值所需要的时间，称为峰值时间。

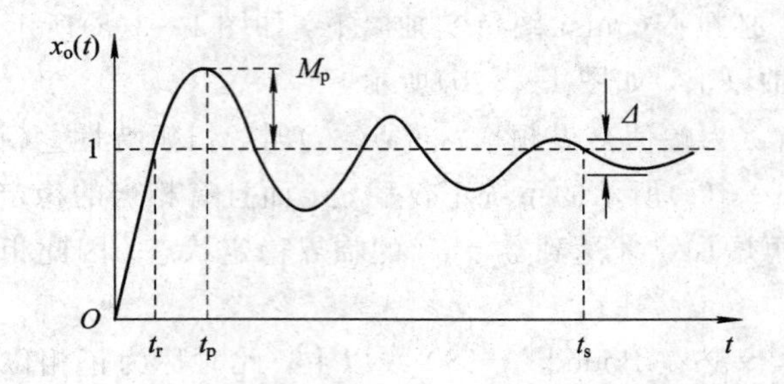

图 1-4　单位阶跃响应

(4) 最大超调量 M_p 或 $\sigma\%$。输出量的最大峰值与稳态值之差叫最大超调量。

$$M_p = x_o(t_p) - x_o(\infty) \tag{1-16}$$

若用百分数表示最大超调量，它的定义是

$$\sigma\% = \frac{x_o(t_p) - x_o(\infty)}{x_o(\infty)} \times 100\% \tag{1-17}$$

(5) 调整时间 t_s。在响应曲线的稳态值上下做一个允许误差范围(通常取稳态值的±5%或±2%)，响应曲线达到并永远保持在这一允许误差范围内所需要的时间，称为调整时间。

(6) 稳态误差。

$$e(t) = \text{理想输出 } x_o(t) - \text{实际输出 } x_o(t) \tag{1-18}$$

其中延迟时间、上升时间、峰值时间和调整时间反映快速性，超调量反映准确性，阻尼比和振荡次数反映稳定性。

1.2.2　系统稳态误差分析

参考如图 1-1 所示的控制系统典型结构，$X(s)$是参考输入，$N(s)$是干扰输入，$Y(s)$是系统输出，$B(s)$是反馈输出，$E(s)=X(s)-B(s)$是系统的误差。

稳定系统误差的终值称为稳态误差，如下式所示：

$$e_{ss} = \lim_{t\to\infty} e(t) \tag{1-19}$$

e_{ss}为衡量系统最终控制精度的重要性能指标。

1. 稳态误差的计算

$$\begin{aligned} E(s) &= E_R(s) + E_N(s) = \Phi_{er}(s)R(s) + \Phi_{en}(s)N(s) \\ &= \frac{1}{1+G_1(S)G_2(s)H(s)}R(s) + \frac{-G_2(s)H(s)}{1+G_1(s)G_2(s)H(s)}N(s) \end{aligned} \tag{1-20}$$

应用终值定理可以计算系统稳态误差

$$e_{ss} = \lim_{t\to\infty} e(t) = \lim_{s\to 0} sE(s) \tag{1-21}$$

对如图 1-1 所示的系统，式(1-20)中两个极限存在的充要条件是 $sE(s)$的所有极点均应在 s 平面的左半平面。这一充要条件就包含了系统应是稳定的要求，所以，求稳态误差时应首先判别系统的稳定性。这容易从物理概念上来理解，因为只有稳定的系统才能进入稳态，计算稳态误差才有意义。

2. 由控制输入所引起的稳态误差

(1) 系统的开环传递函数。

$$
\begin{aligned}
G(s)H(s) &= G_1(s)G_2(s)H(s) \\
&= \frac{K(\tau_1 s+1)\cdots(\tau_2^2 s^2+2\zeta\tau_2 s+1)\cdots}{s^\lambda(T_1 s+1)\cdots(T_2^2 s^2+2\zeta T_2 s+1)\cdots}
\end{aligned}
\tag{1-22}
$$

式中，K 为开环增益(当开环传递函数分子、分母的最低项系数都化为 1 时得到的)，λ 为积分环节的数目。由控制输入所引起的稳态误差为

$$
\begin{aligned}
e_{ss} &= \lim_{t\to\infty} e(t) = \lim_{s\to 0} sE(s) = \lim_{s\to 0}\frac{s}{1+G(s)H(s)}R(s) \\
&= \lim_{e\to 0}\frac{s}{1+\dfrac{K}{s^\lambda}}R(s) = \lim_{s\to 0}\frac{s^{\lambda+1}}{s^\lambda+K}R(s)
\end{aligned}
$$

可见稳态误差和时间常数无关，而与开环增益及开环传递函数中的积分环节的个数 λ 有关。

(2) 系统的型次。把系统按开环传递函数中积分环节的个数 λ 进行分类：$\lambda=0$，无积分环节，称为 0 型系统；$\lambda=1$，有一个积分环节，称为Ⅰ型系统；$\lambda=2$，有两个积分环节，称为Ⅱ型系统。Ⅲ型及Ⅲ型系统很难稳定，所以在工程上一般不采用。

3. 静态误差系数

(1) 静态位置误差系数 K_p。输入信号为单位阶跃信号($r(t)=1(t)$，$R(s)=1/s$)时的稳态误差称为位置误差。

令

$$
\begin{aligned}
K_p &= \lim_{s\to 0} G(s)H(s) = \lim_{s\to 0}\frac{K(T_a s+1)(T_b s^2+2\zeta_b T_b s+1)\cdots}{S^\lambda(T_1 s+1)(T_2 s^2+2\zeta_2 T_2 s+1)\cdots} \\
&= \lim_{s\to 0}\frac{K}{s^\lambda} = \begin{cases} K\lambda = 0 \\ \infty\lambda \geqslant 1 \end{cases}
\end{aligned}
\tag{1-23}
$$

$$
\begin{aligned}
e_{ss} &= \lim_{t\to\infty} e(t) = \lim_{s\to 0} sE(s) = \lim_{s\to 0}\frac{s}{1+G(s)H(s)}R(s) \\
&= \lim_{e\to 0}\frac{s}{1+G(s)H(s)}\frac{1}{s} = \frac{1}{1+K_p} \\
&= \begin{cases} \dfrac{1}{1+K} & \lambda = 0 \\ 0 & \lambda \geqslant 1 \end{cases}
\end{aligned}
\tag{1-24}
$$

可见：0 型系统对于阶跃响应具有稳态误差，当开环增益足够大时，稳态误差可以足够小，但过高的开环增益会使系统不稳定。对于Ⅰ型及以上的系统，稳态误差为零。

(2) 静态速度误差系数 K_v。输入信号为单位斜坡输入信号($r(t)=t$，$R(s)=1/s^2$)时的稳态误差称为速度误差。令：

$$
\begin{aligned}
K_v &= \lim_{s\to 0} sG(s)H(s) = \lim_{s\to 0}\frac{sK(T_a s+1)(T_b s^2+2\zeta_b T_b s+1)\cdots}{s^\lambda(T_1 s+1)(T_2 s^2+2\zeta_2 T_2 s+1)\cdots} \\
&= \lim_{s\to 0}\frac{K}{s^{\lambda-1}} = \begin{cases} 0\lambda = 0 \\ K\lambda = 1 \\ \infty\lambda \geqslant 2 \end{cases}
\end{aligned}
\tag{1-25}
$$

$$e_{ss}=\lim_{t\to\infty}e(t)=\lim_{s\to 0}sE(s)=\lim_{s\to 0}\frac{s}{1+G(s)H(s)}R(s)=\lim_{e\to 0}\frac{s}{1+G(s)H(s)}\frac{1}{s^2}$$

$$=\lim_{s\to 0}\frac{1}{s+sG(s)H(s)}=\frac{1}{K_v}=\begin{cases}\infty & \lambda=0\\ \dfrac{1}{K} & \lambda=1\\ 0 & \lambda\geqslant 2\end{cases} \tag{1-26}$$

可见：0 型系统不能跟踪斜坡输入，Ⅰ型系统可以跟踪但有一定的误差，Ⅱ型及以上的系统能精确跟踪斜坡输入，稳态误差为零。

(3) 静态加速度误差系数 K_a。输入信号为单位加速度输入信号($r(t)=1/2t^2$，$R(s)=1/s^3$)时的稳态误差称为加速度误差。令

$$K_a=\lim_{s\to 0}s^2G(s)H(s)=\lim_{s\to 0}\frac{s^2K(T_as+1)(T_bs^2+2\zeta_bT_bs+1)\cdots}{s^\lambda(T_1s+1)(T_2s^2+2\zeta_2T_2s+1)\cdots}$$

$$=\lim_{s\to 0}\frac{K}{s^{\lambda-2}}=\begin{cases}0 & \lambda\leqslant 1\\ K & \lambda=2\\ \infty & \lambda\geqslant 3\end{cases} \tag{1-27}$$

$$e_{ss}=\lim_{t\to\infty}e(t)=\lim_{s\to 0}sE(s)=\lim_{s\to 0}\frac{s}{1+G(s)H(s)}R(s)=\lim_{e\to 0}\frac{s}{1+G(s)H(s)}\frac{1}{s^3}$$

$$=\lim_{s\to 0}\frac{1}{s^2+s^2G(s)H(s)}=\frac{1}{K_a}=\begin{cases}\infty & \lambda\leqslant 1\\ \dfrac{1}{K} & \lambda=2\\ 0 & \lambda\geqslant 3\end{cases} \tag{1-28}$$

可见：0 型和Ⅰ型系统不能跟踪加速度输入信号，Ⅱ型系统可以跟踪但有一定的误差，Ⅲ型及以上的系统能精确跟踪斜坡输入，稳态误差为零。

稳态误差计算表见表 1-1。

表 1-1　稳态误差计算表

系统类型	用误差系数表示	输入信号		
		阶跃 $r(t)=1(t)$，$R(s)=\frac{1}{s}$	斜坡 $r(t)=t$，$R(s)=\frac{1}{s^2}$	加速度 $r(t)=\frac{1}{2}t^2$，$R(s)=\frac{1}{s^3}$
0 型	$\frac{1}{1+K_p}$	$\frac{1}{1+K}$	∞	∞
Ⅰ型	$\frac{1}{K_v}$	0	$\frac{1}{K}$	∞
Ⅱ型	$\frac{1}{K_a}$	0	0	$\frac{1}{K}$

4. 由干扰所引起的稳态误差

干扰 $n(t)$ 作用下稳态误差的表达式

$$e_{ssn}=\lim_{s\to 0}sE_N(s)=\lim_{s\to 0}s\Phi_{en}(s)N(s)=\lim_{s\to 0}s\frac{-G_2(s)H(s)}{1+G_1(s)G_2(s)H(s)}N(s) \tag{1-29}$$

误差信号与干扰作用点之间的传递函数：

$$G_1(s)=\frac{K_1\prod\limits_{i=1}^{l_1}(\tau_i s+1)}{s^{v_1}\prod\limits_{j=1}^{K_1}(T_j s+1)} \tag{1-30}$$

其他部分的传递函数：

$$G_2(s)H(s)=\frac{K_2\prod\limits_{i=1}^{l_2}(\tau_i s+1)}{s^{v_2}\prod\limits_{j=1}^{K_2}(T_j s+1)} \tag{1-31}$$

将式(1-30)和式(1-31)代入式(1-29)，得

$$e_{\mathrm{ssn}}=\lim_{s\to 0}\frac{-K_2 s^{v_1+1}}{s^{v_1+v_2}+K_1K_2}N(s) \tag{1-32}$$

若误差信号与干扰作用点之间的传递函数 $G_1(s)$ 中无积分环节，对阶跃干扰来说，$e_{\mathrm{ssn}}=-1/K_1$；在 $G_1(s)$ 中引入积分环节，可以消除某些形式干扰引起的问题误差 e_{ssn}。

1.2.3 闭环频率特性和系统阶跃响应的关系

1. 频域性能指标

闭环系统的幅频特性如图 1-5 所示，其某些特征点和系统阶跃响应的指标有密切关系。

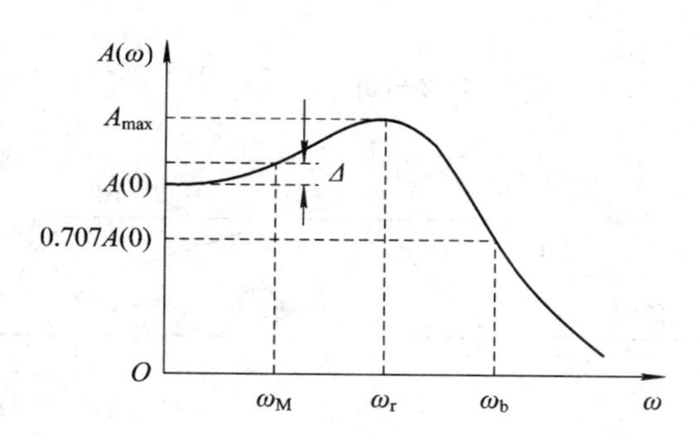

图 1-5 闭环幅频特性曲线

1）谐振频率 ω_r 和谐振峰值 M_r

谐振频率：$$\omega_r=\frac{1}{T}\sqrt{1-2\zeta^2}$$

谐振峰值：$$M_r=\frac{1}{2\zeta\sqrt{1-\zeta^2}}$$

M_r 越大阻尼比越小越易振荡，反之则越稳定，故它反映了系统的相对稳定性。

2）截止频率 ω_b 和带宽

一般规定 $A(\omega)$ 由 $A(0)$ 下降到 -3 dB 时的频率，即 $A(\omega)$ 由 $A(0)$ 下降到 $0.707\ A(0)$ 时的频率叫作系统的闭环截止频率 ω_b。

频率由 $0\sim\omega_b$ 的范围称为系统的闭环带宽。带宽越大，响应越快，但高频干扰越大。

3）系统带宽的选择

为了使系统能够准确复现输入信号，要求系统具有较大的带宽；从抑制噪声的角度来看，又不希望带宽过大，因此在系统设计时，必须选择合适的系统带宽。

系统带宽的选择既要考虑信号的通过能力，又要考虑抗干扰能力。输入信号处于低频段，扰动信号处于高频段。

输入信号的带宽为 $0\sim\omega_M$，系统的带宽一般为 $\omega_b=(5\sim10)\omega_M$。

2. 由闭环幅频 $M(\omega)$ 曲线直接估算出阶跃响应的性能指标

$$\sigma\%=\left\{4\ln\left[\frac{M_p\cdot M(\omega_1/4)}{M_0^2}\cdot\frac{\omega_b}{\omega_{0.5}}\right]+17\right\}\% \tag{1-33}$$

$$t_s=\left(13.57\cdot\frac{M_p\cdot\omega_b}{M_0\cdot\omega_{0.5}}-2.51\right)\cdot\frac{1}{\omega_{0.5}}(\mathrm{s}) \tag{1-34}$$

式中M_0 为角频率为 0 时的幅值 $M(0)$；M_p 为谐振峰值；ω_b 为 $M(\omega)$衰减至 $0.707M(0)$处的角频率，即频带；$\omega_{0.5}$ 为 $M(\omega)$衰减至 $0.5M(0)$处的角频率；ω_1 为 $M(\omega)$过峰值后又衰减至 $M(0)$值所对应的角频率。

1.2.4 开环频率特性和系统阶跃响应的关系

系统开环对数幅频特性曲线可分为三频段，即低频段、中频段和高频段，如图 1-6 所示。

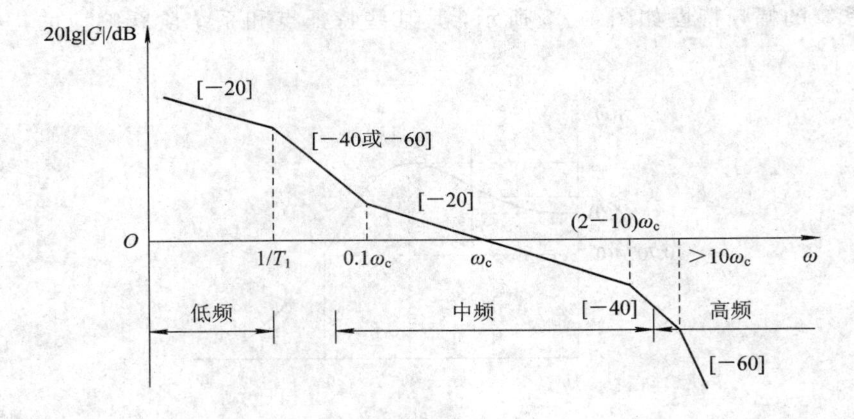

图 1-6 系统开环对数幅频渐近特性曲线

低频段通常是指开环对数幅频特性渐进曲线的第一个转折频率以前的区段。该段取决于系统开环增益和开环积分环节的数目。低频段的特性反映了系统稳态精度。

中频段是指开环对数幅频特性渐进曲线在截止角频率 ω_c 附近的区段。这段特性集中反映了系统的平稳性和快速性。中频段应以 −20 dB/dec 穿越 ω_c，且应当有较大的宽度。

高频段是指开环对数幅频特性渐进曲线在中频段以后（$\omega>10\omega_c$）的区段，这段特性反映了系统对高频干扰的抑制能力。高频段幅值越低，系统抗干扰能力越强。

三频段概念适用的前提是系统闭环稳定具有最小相位性质的单位负反馈系统。由系统开环截止角频率和相位裕度可直接估算出阶跃响应的性能指标M_p 和 t_s。

$$\sigma\%=[0.16+0.4(M_p-1)]\times100\%(1\leqslant M_p\leqslant1.8) \tag{1-35}$$

$$t_s = \frac{K\pi}{\omega_c} \tag{1-36}$$

其中，$M_p=\frac{1}{\sin\gamma}$，$K=2+1.5(M_p-1)+2.5(M_p-1)^2$。

1.2.5 系统的校正方法

校正装置的形式及它们和系统其他部分的连接方式，称为系统的校正方式。校正方式分为串联校正、反馈校正、复合校正和干扰补偿等。串联校正和反馈校正是最常见的两种校正方式。

1. 串联校正

校正装置串联在系统的前向通道中，如图1-7所示。这种连接方式简单、易实现。为避免功率损失，串联校正装置通常放在系统误差测量点之后和放大器之前，多使用有源校正网络构成。

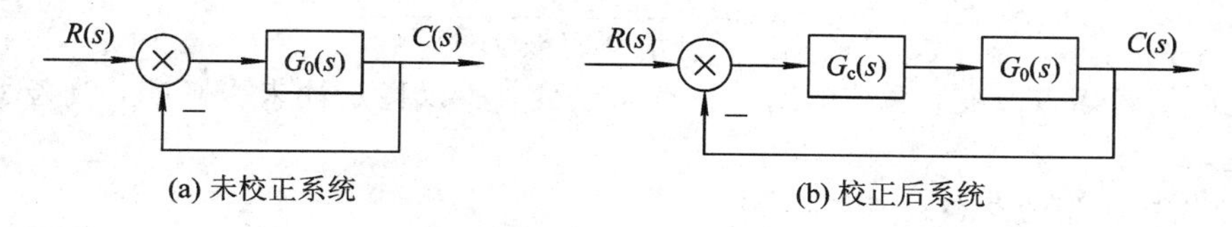

图1-7 系统的串联校正

未校正系统传递函数

$$\Phi_0(s) = \frac{G_0(s)}{1+G_0(s)} \tag{1-37}$$

校正系统传递函数

$$\Phi(s) = \frac{G_0(s)G_c(s)}{1+G_0(s)G_c(s)} \tag{1-38}$$

2. 反馈校正

校正装置位于系统的局部反馈通道之中，则称为反馈校正，如图1-8所示。采用该种校正方式，信号从高功率点流向低功率点，一般采用无源网络。

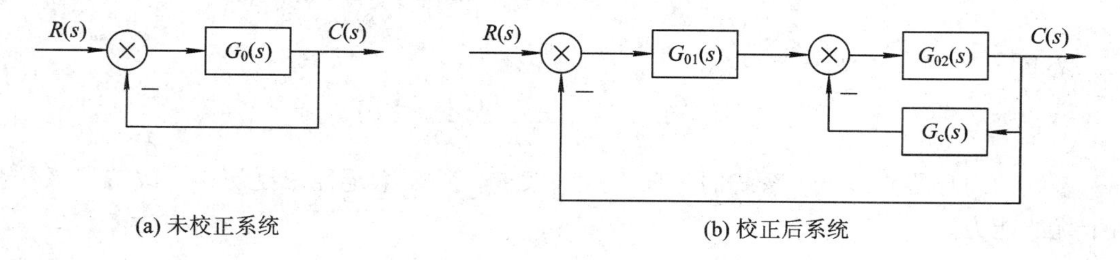

图1-8 系统的反馈校正

系统的闭环极点、闭环零点改变，系统的性能指标均有改善，还能抑制反馈环内部的扰动对系统的影响。

3. 复合校正

复合校正方式包括按给定输入量顺馈补偿和按扰动量前馈补偿两种校正方式。

1）按输入补偿的复合校正

按输入补偿的复合校正如图 1-9 所示。

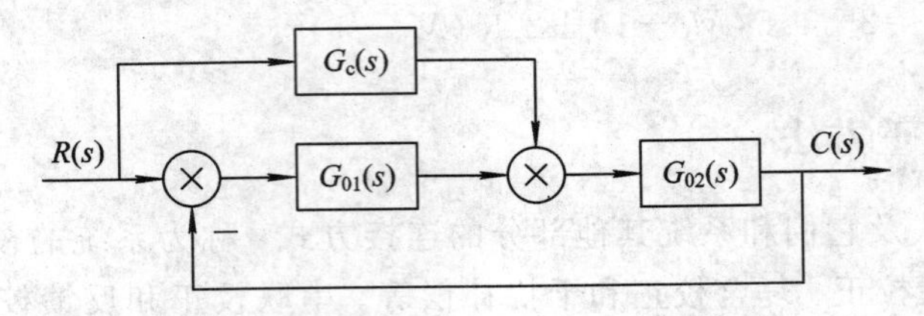

图 1-9 系统的前置校正

未校正

$$\Phi_0(s)=\frac{G_{01}(s)G_{02}(s)}{1+G_{01}(s)G_{02}(s)} \tag{1-39}$$

校正后

$$\Phi(s)=\frac{G_{02}(s)[G_c(s)+G_{01}(s)]}{1+G_{01}(s)G_{02}(s)} \tag{1-40}$$

系统的闭环零点改变，系统的闭环极点未改变，所以稳定性未受影响，改善了系统的稳态误差。

2）按扰动补偿的复合校正

按扰动补偿的复合校正如图 1-10 所示。

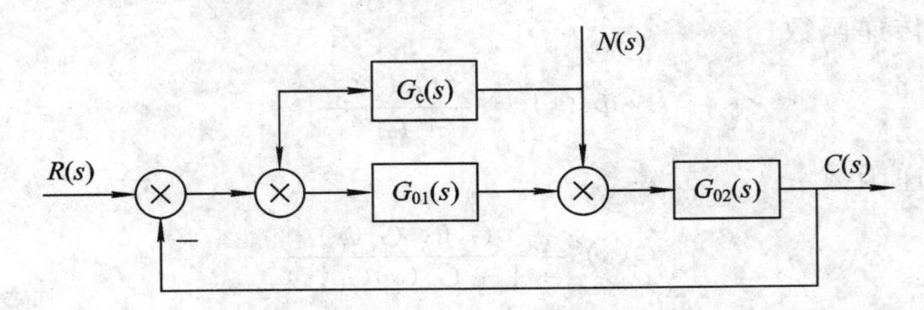

图 1-10 系统的前置校正干扰补偿

未校正

$$C_0(s)=\frac{G_{01}(s)G_{02}(s)}{1+G_{01}(s)G_{02}(s)}R(s)+\frac{G_{02}(s)}{1+G_{01}(s)G_{02}(s)}N(s) \tag{1-41}$$

校正后

$$C(s)=\frac{G_{02}(s)[G_c(s)+G_{01}(s)]}{1+G_{01}(s)G_{02}(s)}R(s) \tag{1-42}$$

系统的闭环零点改变，系统的闭环极点未改变，所以稳定性未受影响，改善了系统抑制干扰的能力。

1.3 采样系统理论

1.3.1 采样过程和采样定理

将连续信号转换成离散信号的过程，称为采样过程。该过程可以看成是信号的调制过

程。设被采样的连续信号为 $f(t)$，其中载波信号 $p(t)$ 为一个周期 T 的理想脉冲序列，即

$$p(t) = \delta_T(t) = \sum_{k=-\infty}^{+\infty} \delta(t - kT) \tag{1-43}$$

调制后得到的采样信号可表示为

$$f^*(t) = f(t) \cdot \delta_T(t) = \sum_{k=0}^{+\infty} f(t) \cdot \delta(t - kT) \tag{1-44}$$

实现上述采样过程的装置称为采样开关，可用图 1-11 所示的符号表示。若连续信号 $f(t)$ 的傅里叶变换为 $F(\mathrm{j}\omega)$，则采样信号 $f^*(t)$ 的傅里叶变换为

$$F^*(\mathrm{j}\omega) = \frac{1}{T}\sum_{n=-\infty}^{+\infty} F(\mathrm{j}\omega + \mathrm{j}n\omega_s) \tag{1-45}$$

连续信号 $f(t)$ T 采样信号 $f^*(t)$

图 1-11 信号的采样过程

香农(Shannon)采样定理：如果采样频率 ω_s 满足条件

$$\omega_s \geqslant 2\omega_{max} \tag{1-46}$$

则经采样得到的脉冲序列可以通过理想低通滤波器无失真地恢复为原连续信号。式中，ω_{max} 为连续信号频谱的上限频率。

1.3.2 零阶保持器

工程上常用的一种保持器为零阶保持器(Zero-Order Hold，ZOH)，其数学表达式为

$$f(t) = f(kT),\ kT < t < (k+1)T \tag{1-47}$$

零阶保持器的传递函数为

$$G_h(s) = \frac{1 - \mathrm{e}^{-Ts}}{s} \quad (T = 2\pi/\omega_s) \tag{1-48}$$

零阶保持器的频率特性为

$$G_h(\mathrm{j}\omega) = \frac{1 - \mathrm{e}^{-\mathrm{j}\omega T}}{\mathrm{j}\omega} = T\,\frac{\sin(\omega T/2)}{\omega T/2}\mathrm{e}^{-\frac{1}{2}\mathrm{j}\omega T} = T\,\frac{\sin(\pi\omega/\omega_s)}{\pi\omega/\omega_s}\mathrm{e}^{-\mathrm{j}\pi\omega/\omega_s} \tag{1-49}$$

零阶保持器是一个低通滤波器，但不是理想的低通滤波器。

1.3.3 脉冲传递函数

开环采样系统脉冲传递函数如表 1-2 所示。

由于采样开关在闭环系统中的位置有多种可能，所以在求闭环系统的脉冲传递函数时，需要根据系统的具体结构，利用代数的方法逐步推导出系统的闭环脉冲传递函数。但需要注意，在系统输出变量的 z 变换表达式 $C(z)$ 中若单独存在输入的 z 变换 $R(z)$，则可以得到闭环脉冲传递函数 $C(z)/R(z)$，若在 $C(z)$ 的表达式中不单独存在输入的 z 变换，则不能得到 $C(z)/R(z)$ 形式的脉冲传递函数，此时，只能得到系统输出变量的 z 变换表达式 $C(z)$。

表 1-2　开环采样系统脉冲传递函数

开环采样系统	脉冲传递函数
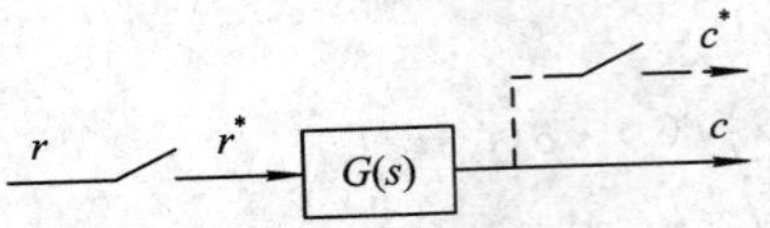 r → 采样开关 → r^* → G(s) → c（输出经采样开关得 c^*）	$G(z)=\dfrac{C(z)}{R(z)}$
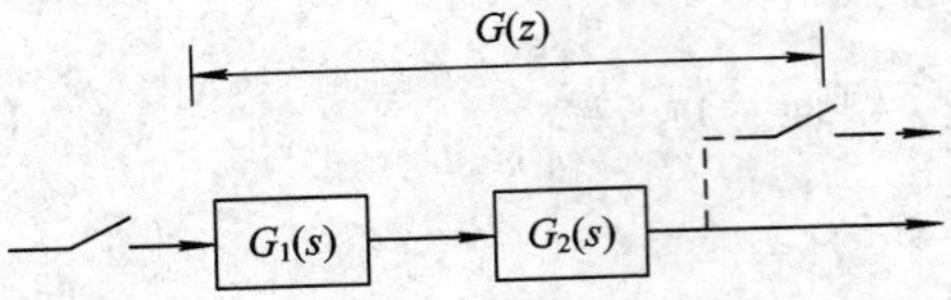 采样开关 → $G_1(s)$ → $G_2(s)$ → 采样开关（G(z)）	$G(z)=Z[G_1(s)G_2(s)]=G_1G_2(z)$
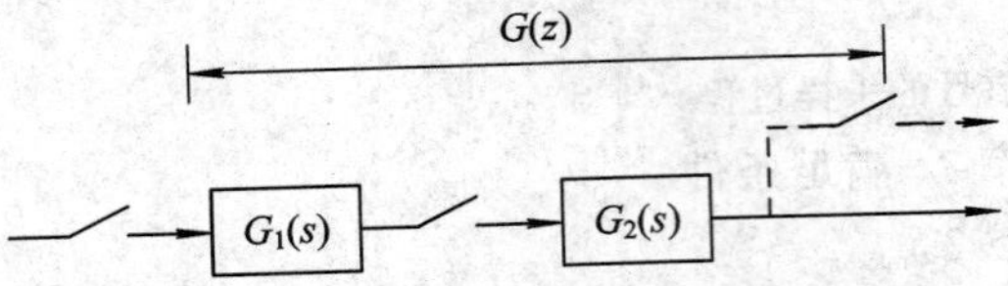 采样开关 → $G_1(s)$ → 采样开关 → $G_2(s)$ → 采样开关（G(z)）	$G(z)=Z[G_1(s)]\cdot Z[G_2(s)]=G_1(z)G_2(z)$
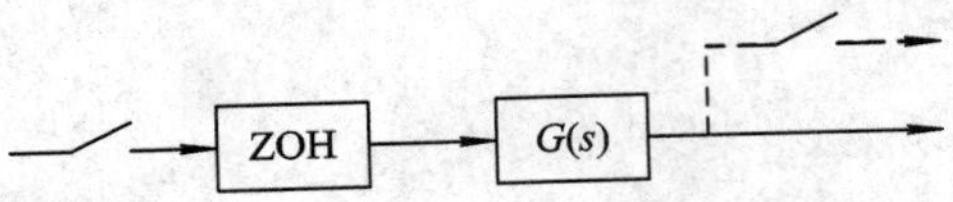 采样开关 → ZOH → G(s) → 采样开关	$G(z)=(1-z^{-1})\cdot Z\left(\dfrac{1}{s}G(s)\right)$

1.3.4　采样系统的稳定性

在 z 平面上系统稳定的充要条件是，系统的特征根必须全部位于 z 平面的单位圆内。可以用朱利(Jury)稳定判据和劳斯稳定判据对系统稳定性进行判断。

引入如下双线性变换：

$$z=\frac{\omega+1}{\omega-1} \tag{1-50}$$

上述变换将 z 域中的单位圆内的区域映射到 ω 域的左半平面，而将 z 域中单位圆外的区域映射到 ω 域的右半平面，且在 ω 域中特征方程是关于复变量 ω 的多项式，此时可用劳斯判据判断采样系统的稳定性。

1.3.5　闭环极点与瞬态响应之间的关系

设闭环采样系统的极点为 p_k，则 p_k 的取值可以是以下 5 种情况：

(1) 当 $0<p_k<1$ 时，该极点所对应的瞬态分量是单调收敛的，如图 1-12(a)所示。

(2) 当 $p_k>1$ 时，该极点所对应的瞬态分量是单调发散的，如图 1-12(b)所示。

(3) 当 $-1<p_k<0$ 时，该极点所对应的瞬态分量是正、负交替收敛的，如图 1-12(c)所示。

(4) 当 $p_k<-1$ 时，该极点所对应的瞬态分量是正、负交替发散的，如图 1-12(d)所示。

(5) 当 p_k 和 p_{k+1} 为一对共轭复数时，若 $|p_k|<1$ 则是振荡收敛的，如图 1-12(e)所示，并且复数极点的模值越小(即极点越靠近原点)，收敛得越快；若 $|p_k|>1$ 则是振荡发散的，如图 1-12(f)所示；若 $|p_k|=1$ 则是等幅振荡。不论复数极点的模值如何，振荡的频率只取决于复数极点的相角 θ_k，若 θ_k 越大，则振荡频率越高。

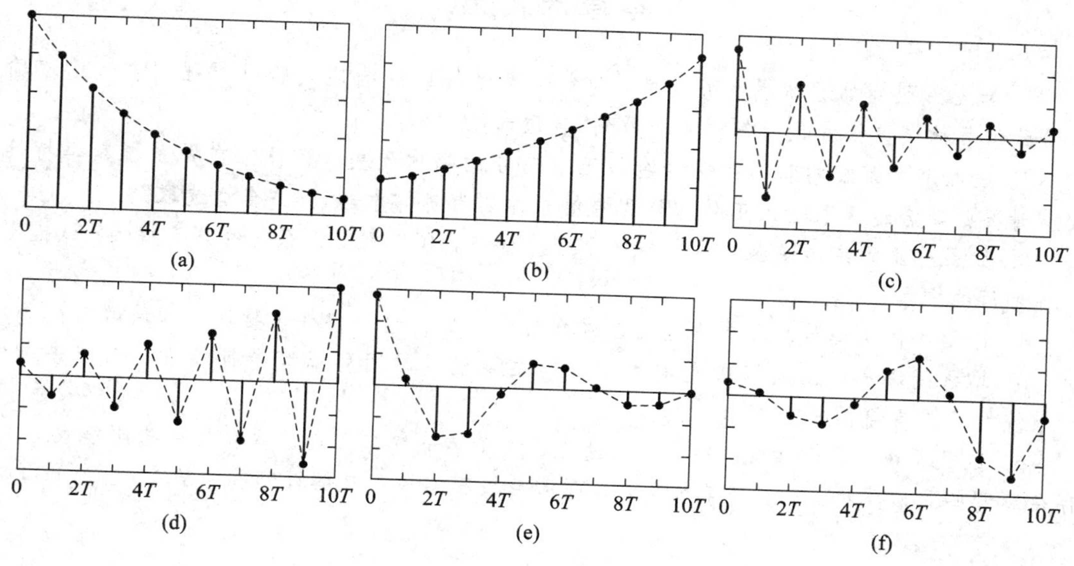

图 1-12 不同极点所对应的瞬态响应

1.3.6 稳态误差

考虑图 1-13 所示的单位负反馈采样系统，并假设所有的闭环极点均位于 z 平面的单位圆以内。

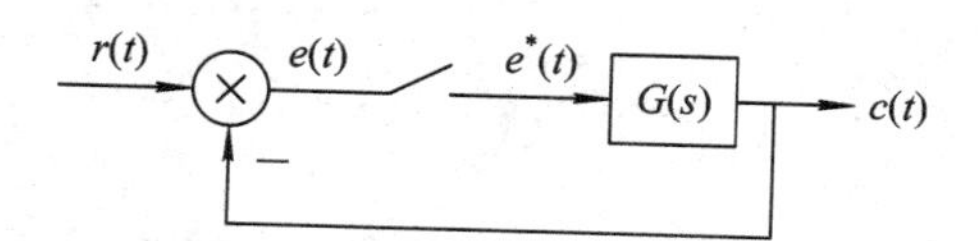

图 1-13 单位负反馈采样系统

根据 $G(z)$ 中包含 $z=1$ 的极点的个数，将系统分为 1 型、2 型和 3 型等。采样系统在典型输入作用下，系统类型与稳态误差之间的关系如表 1-3 所示。

表 1-3 典型输入作用下的稳态误差

系统类型	$r(t)=1(t)$	$r(t)=t\cdot 1(t)$	$r(t)=0.5t^2\cdot 1(t)$
0	$\frac{1}{1+K_p}$	∞	∞
1	0	$\frac{T}{K_v}$	∞
2	0	0	$\frac{T^2}{K_a}$
3	0	0	0

表中静态误差系数的定义为：$K_p = \lim\limits_{z\to 1} G(z)$ 为静态速度误差系数，$K_v = \lim\limits_{z\to 1}(z-1)G(z)$为静态位置误差系数，$K_a = \lim\limits_{z\to 1}(z-1)^2 G(z)$为静态加速度误差系数。

本章思考题

1. 既然线性定常系统具有齐次性，为什么做系统阶跃响应实验时要强调合适选取输入阶跃信号的幅值？你认为怎样才能做到“合适选取”？

2. 线性定常系统的频率特性和输入正弦信号的幅值无关，为什么在做系统频率特性实验时要强调合适选取输入正弦信号的幅值？你认为怎样才能做到“合适选取”？

3. 如果被测系统传递函数中含有一个积分环节，如何测出该系统的频率特性？试提出一种可行的方案。

4. 应用终值定理计算稳态误差时应注意什么条件？这一条件在物理上如何解释？

5. 增加闭环传递函数零点或增加一个非主导极点时闭环幅频特性将发生什么变化？对系统的品质有何影响？

6. 试从系统稳态精度、振荡性、快速性、抗高频干扰等方面，分析系统品质要求之间存在着哪些矛盾现象。串联超前校正、串联滞后校正常被用来解释哪些矛盾？

第 2 章　实验基本理论和方法

2.1　概　　述

在控制系统的分析、综合与设计中，通常采用两种方法处理。一种是解析方法，运用理论知识(例如物理学、化学知识等)对控制系统进行理论方面的分析、计算，但这种方法往往有很大的局限性。另一种方法就是实验方法，即利用各种仪器仪表与装置，对控制系统施加一定类型的信号来测取系统的响应，确定系统的动态性能。大多数情况下是两者兼用，即在分析时要依靠实验，在实验中也要用到分析。自动控制实验技术就是利用有关的仪器仪表与装置，对自动控制系统施加典型的输入信号测取系统响应，分析与研究系统的各种特性。

实验是激发兴趣、传授知识、培养能力的重要途径，提高实验课质量是提高教学质量的重要一环。实验课从内容和要求上可分为验证性实验和综合性实验。验证性实验可巩固学生所学的知识，培养和提高学生的实验技能和观察能力。综合性实验在巩固知识的基础上，对技能的培养有更大的提高。

要想使实验获得成功，不仅要有扎实的理论基础和正确的操作技术，还必须掌握实验设计的三个要素，即科学性、可行性和简便性。

(1) 科学性。它对实验设计十分重要。所谓科学性，就是实验目的要明确，实验原理要正确，实验材料和实验手段的选择要恰当，整个设计思路和实验方法的确定都不能偏离基本知识和基本原理。

(2) 可行性。在设计实验时，从实验原理、实验的实施到实验结果的产生，都应具有可行性。实际上，实验的可行性和实验的科学性是相统一的。

(3) 简便性。在实验时要考虑到实验材料容易获得，实验装置比较简化，实验操作简单易行。

2.2　典型的测试信号

控制系统的实验研究，实际上就是研究控制系统在外界激励下各个信号的演变过程。从经典控制理论来说，就是研究输入与输出信号之间的关系；从现代控制理论来说，就是研究状态变量(不仅是输入与输出信号)的变化。从实验的角度来说，动态特性实验，就是利用动态特性测试仪器产生实验信号，输入给控制系统，然后测量与记录控制系统或某些环节的信号演变，供分析研究使用。

通常，实际控制系统的输入信号预先并不完全知道，在许多情况下，控制系统的实际输入可能随时间的变化而变化。例如，在雷达跟踪系统里，被跟踪目标的位置与速度是按一种无法预料的方式变化，以致不能用数学表达式确切地表示出来。因此，为了便于分析和设计控制系统，必须假定一些典型的测试信号，以便使用这些实验信号来评价系统的性能指标。这些测试信号的共同特点是它们的数学描述很简单。一般在分析和设计控制系统时，应选择最不利的典型测试信号作为系统的输入信号，分析系统在此输入信号下的输出响应能否满足要求，从而去评估系统在复杂的实际输入信号下的性能指标。

控制系统的动态实验，是利用不同的测试仪器产生各种实验信号，如周期信号、非周期信号或随机信号输入控制系统(或环节)，然后测量并记录系统(或环节)的输出响应。由于系统的输出响应与输入信号类型有关，因此在研究控制系统的输出响应时，必须指明是在何种输入信号下的输出响应。描述信号的基本方法是写出数学表达式，并给出信号的波形。下面介绍一些典型的测试信号。

1. 脉冲信号

脉冲信号如图 2-1 所示，常表示为

$$x_i(t)=\begin{cases}0 & t\neq 0\\ \infty & t=0\end{cases}$$

并且$\int_{-\infty}^{\infty}x_i(t)\mathrm{d}t=A$，式中，$A$ 为脉冲信号的强度，当 $A=1$ 时的脉冲信号称作单位脉冲信号，是狄拉克函数，并用$\delta(t)$表示。

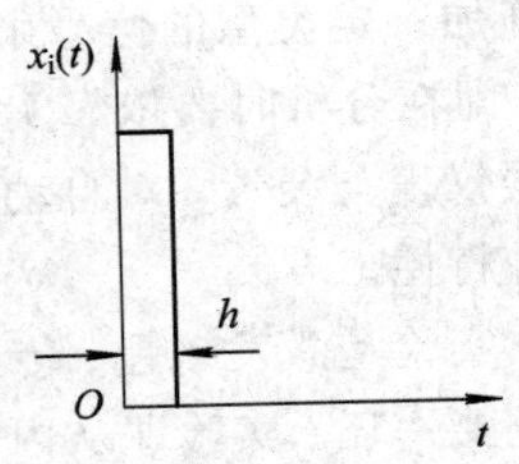

图 2-1　脉冲信号

单位脉冲函数的拉氏变换为 1，即 $L[\delta(t)]=1$。

2. 阶跃信号

阶跃信号如图 2-2 所示，常表示为

$$x_i(t)=\begin{cases}0 & t<0\\ k & t\geqslant 0\end{cases}$$

式中，k 表示阶跃信号幅度，当 $k=1$ 时的阶跃信号称作单位阶跃信号，常表示为 $u(t)=1(t)$。

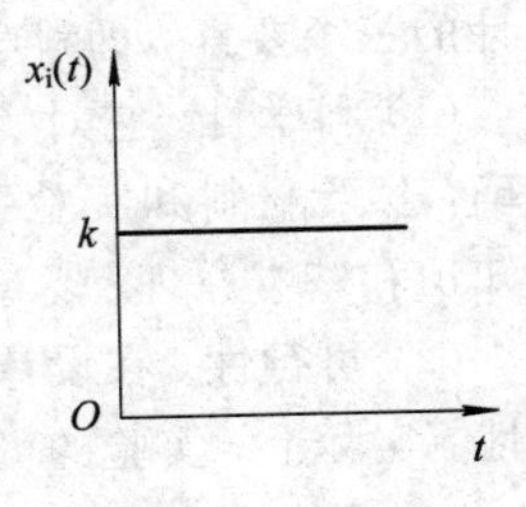

图 2-2　阶跃信号

单位阶跃函数的拉氏变换为 $L[1(t)]=\frac{1}{s}$。

3. 斜坡信号

斜坡信号如图 2-3 所示，表示为

$$x_i(t)=\begin{cases}0 & t<0\\ kt & t\geqslant 0\end{cases}$$

式中，k 表示斜坡信号的位置梯度—速度，当 $k=1$ 时的斜坡信号称作单位斜坡信号，常表示为 $v(t)=t$。

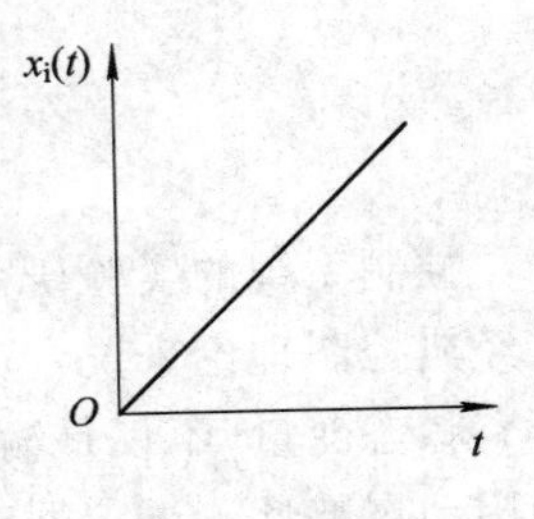

图 2-3　斜坡信号

单位斜坡函数的拉氏变换为 $L[v(t)]=\frac{1}{s^2}$。

4. 抛物线信号

抛物线信号如图 2-4 所示，表示为

$$x_{\mathrm{i}}(t)=\begin{cases}0 & t<0\\ kt^2 & t\geqslant 0\end{cases}$$

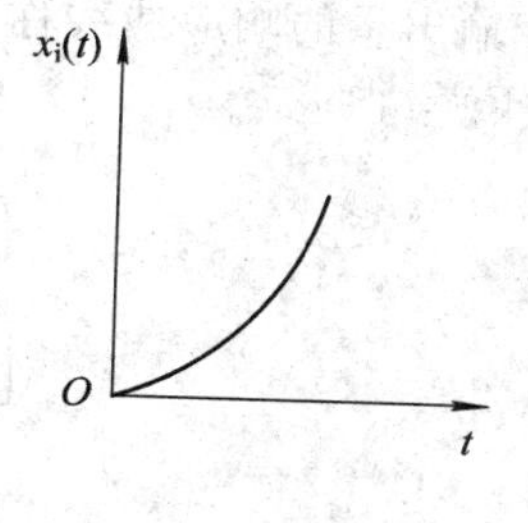

图 2-4　抛物线信号

式中，k 表示信号的加速度能力，当 $k=\frac{1}{2}$时的抛物线信号称作单位加速度信号，常表示为 $a(t)=\frac{1}{2}t^2$。

单位抛物线函数的拉氏变换为 $L[a(t)]=\frac{1}{s^3}$。

5. 正弦函数

正弦函数如图 2-5 所示，表示为

$$x_{\mathrm{i}}(t)=\begin{cases}0 & t<0\\ A\ \sin\omega t & t\geqslant 0\end{cases}$$

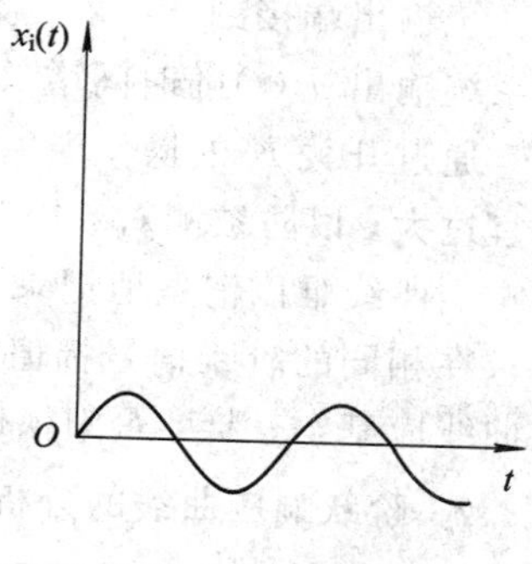

图 2-5　正弦函数

式中，A 为正弦函数的阶跃值，ω 为频率。$A=1$ 的正弦函数为单位正弦函数。

单位正弦函数的拉氏变换为 $L[\sin(\omega t)]=\frac{\omega}{s^2+\omega^2}$。

通常，用单位阶跃函数作为典型输入信号，可在一个统一的基础上对各种系统的特性进行比较和研究。

2.3　控制系统动态特性的基本测试方法

控制系统特性包括静态特性和动态特性。静态特性一般采用逐点测量法得到系统（或环节）的各种静态特性参数，如死区、增益、传递函数、线性范围等，相对来说比较简单，在进行动态特性实验时也可以得到所需要的静态特性结果，因此本节以介绍动态特性的测试为主。

2.3.1　控制系统动态特性的时域测试法

控制系统的时间响应，从时间顺序上可以划分为过渡过程和稳态过程。过渡过程是指系统从初始状态到接近最终状态的响应过程；稳态过程是指时间趋于无穷时系统的输出状态。控制系统的动态特性是指系统在过渡过程中，输入量与输出量随着时间推移所表示出的每一时刻输入量与输出量的关系。其过渡过程是由它的组成环节、元件、控制对象和系统的结构所决定的。当系统在稳定条件下工作时，系统的动态特性通常以系统对单位阶跃输入信号的响应特性来衡量。为使不同系统有统一的衡量动态特性的标准，在时域法中，提出超调量、调节时间、时间常数、上升时间、峰值时间等测试指标，可通过这些动态特性指标的测试，获得系统或环节的动态特性参数，进而通过计算确定被测对象的传递函数。

1. 阶跃响应曲线的测试

在被测系统的输入端施加一个单位阶跃信号后，系统的输出量也必然随之响应。这时，输出量的响应曲线称为单位阶跃响应曲线。得到单位阶跃响应曲线的实验方法原理图如图 2-6 所示。

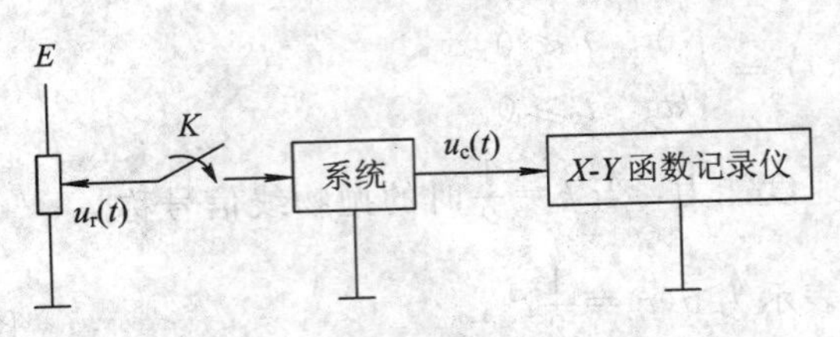

图 2-6　阶跃响应测试原理图

输入系统的阶跃信号 $u_r(t)$ 在 $+E$ 信号源上获取，经开关 K 加于被测系统输入端。被测系统输出端接到 $X-Y$ 函数记录仪上，或者接到超低频示波器或数字示波器上，实时记录系统输出 $u_c(t)$ 随时间增长而变化的曲线。

通过开关 K 的操作产生正的或负的阶跃信号来测试响应曲线。一般阶跃信号的幅值不宜过大，以防被测对象因输入过大而产生饱和；幅值也不宜过小，否则，被测对象的输出响应曲线难以清楚地记录下来。通常，阶跃信号可取额定输入信号的 5%～20%。另外，要求在相同的阶跃信号幅值之下，对被测系统应施加正向和反向的阶跃作用，所得到的响应曲线应基本一样，否则须按非线性系统处理。

2. 阶跃响应曲线的分析

在阶跃响应曲线测定后，应该对响应曲线进行分析和计算。在工程上常采用一些近似方法来计算所测响应曲线的参数。

1) 一阶系统的参数求取

一阶系统的传递函数表达式为

$$\Phi(s) = \frac{C(s)}{R(s)} = \frac{K}{Ts+1}$$

式中 $C(s)$ 为输出量，$R(s)$ 为输入量，T 为时间常数，K 为静态放大系数或传递系数。在一阶系统的输入端加入阶跃信号后得到的一阶系统阶跃响应曲线如图 2-7 所示。

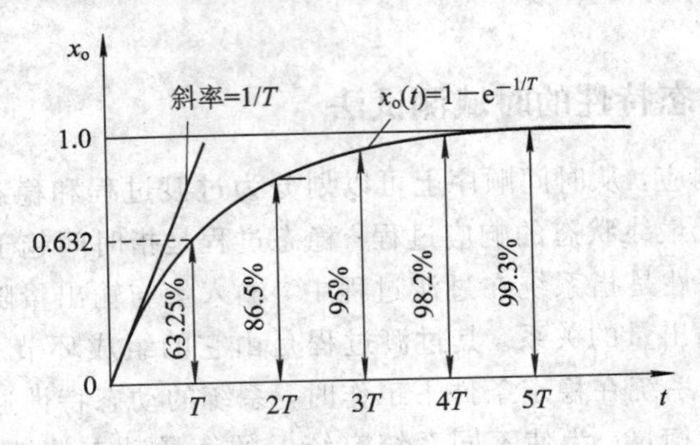

图 2-7　一阶系统的阶跃响应曲线

时间常数 T 是表征一阶响应特性的唯一参数。有两种方法可得到时间常数，第一种是切线法。如图 2-7 所示，在阶跃响应曲线的起始点作切线，交稳态值的渐近线于一点，这一点在时间轴上的投影为时间常数。第二种是比例法。由于阶跃响应曲线的切线不易做得准确，可由比例法求得时间常数。

由于

$$h(t) = 1 - e^{-\frac{1}{T}t}$$

故有以下对应关系：

$$t = T,\ h(T) = 0.632$$
$$t = 2T,\ h(2T) = 0.865$$
$$t = 3T,\ h(3T) = 0.95$$
$$t = 4T,\ h(4T) = 0.982$$

于是可在曲线上升至 0.632 处作时间轴 t 的垂线，这条垂线与时间轴交点所得到的数值就是时间常数 T。依此类推，曲线的 0.865 处与时间轴交点所得到的是 $2T$。

如果采用记录仪测量，一般需要知道记录曲线的长度单位和记录仪的走纸速度单位；如果采用示波器测量，则在荧光屏上量取 T 的长度，再乘以示波器的扫描速度。

若阶跃响应曲线是一条 S 形的非周期曲线，如图 2－8 所示，则该系统可近似用具有延迟环节的一阶系统来描述，其系统的传递函数为

$$G(s) = \frac{K}{Ts+1}e^{-\tau s}$$

式中 τ 为延迟时间。

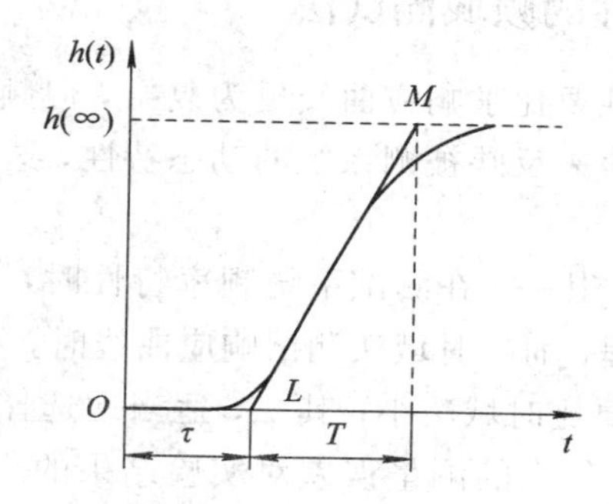

图 2－8　具有延迟环节的一阶非周期响应曲线

它的时间常数 T 的求法可采用切线法，即通过阶跃响应曲线的拐点做一切线，交时间轴于 L 点，交稳态值 $h(\infty)$ 的渐近线于 M 点，则 OL 就是延迟时间 τ，切线 LM 在时间轴上的投影就是时间常数 T。需要指出的是，用切线法求时间常数的缺点是切线不易作得准确。

2）二阶振荡系统参数的求取

若二阶振荡系统（环节）的阶跃响应曲线是以 $\omega_n\sqrt{1-\xi^2}$ 的角频率作衰减振荡的曲线，如图 2－9 所示，则该系统的传递函数可用下式表示

$$\Phi(s) = \frac{\omega_n^2}{s^2 + 2\xi\omega_n + \omega_n^2}$$

根据自动控制原理理论知识，可得到下列动态性能指标：

超调量：

$$M_p = \left|\frac{x_o(t_p) - x_o(\infty)}{x_o(\infty)}\right| \times 100\%$$

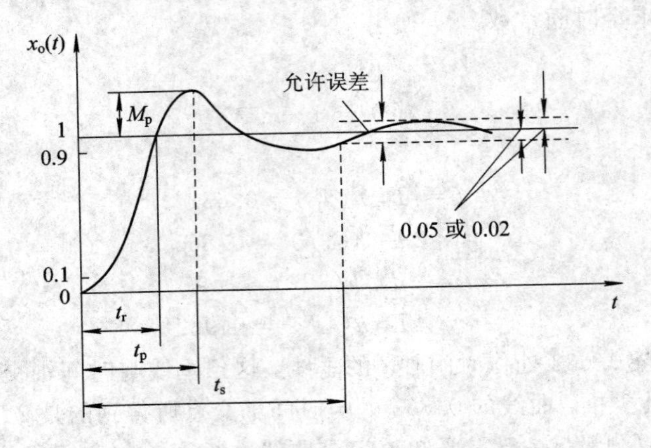

图 2-9　二阶振荡环节的阶跃响应曲线图

调节时间：

$$t_s = \frac{4}{\xi\omega_n} \quad (\Delta = 2\%)$$

$$t_s = \frac{3}{\xi\omega_n} \quad (\Delta = 5\%)$$

2.3.2　控制系统动态特性的频域测试法

测试控制系统的频率特性要比求响应曲线更为复杂，但频率法不必计算其分析式，能更有效地利用频率特性的图表来反映被测系统的动态特性，这对于无法描述动态特性分析式的某些复杂系统更为重要。

频率法的优点有两方面：其一，在测试系统频率特性时，对被测系统施加一种不衰减振荡信号，系统处在稳态过程，而在时域法测试响应曲线时，系统则处在过渡过程，因此，频率法的外来随机干扰影响要比时域法小；其二，适当地选择输入振荡的振幅值，就可得到足够大的输出波动。这样，仪表的测量误差对实验结果的影响会较小。用时域法时，响应曲线的起始输出量很小，仪表的测量误差对响应曲线的起始影响最大，而起始段一般正是计算参数的重要部分。

测量频率特性的方法有多种，如补偿法、统计法、相关分析法等，这里仅介绍比较常用的方法：李沙育图形法。

1. 控制系统的频率特性

对于线性定常系统，在其输入端加入一个角频率为 ω、幅值为 X_m、初始相角为零的正弦信号 $x(t)=X_m \sin\omega t$ 时，其稳态输出是一个与输入量频率相同、幅值和相位不同且随输入信号频率变化而变化的正弦信号，它的表达式为

$$y(t) = Y_m \sin(\omega t + \varphi)$$

当频率 ω 不断变化时，系统稳态输出量与输入量的幅值比和相位差可用系统的频率特性表示。

幅频特性：

$$A(\omega) = |G(j\omega)| = \frac{Y_m}{X_m}$$

相频特性：

$$\varphi(\omega) = \angle G(\mathrm{j}\omega)$$

2. 李沙育图形法

频率特性测试原理如图 2－10 所示。由前面的频率特性表达式可知，当输入信号频率变化时，被测系统输出量和输入量的幅值比及其相位差都在变化。若用电压表分别测得输出电压和输入电压，则两者之比就是幅值比，即系统的幅频特性。注意测量时应不断改变频率重复测量。

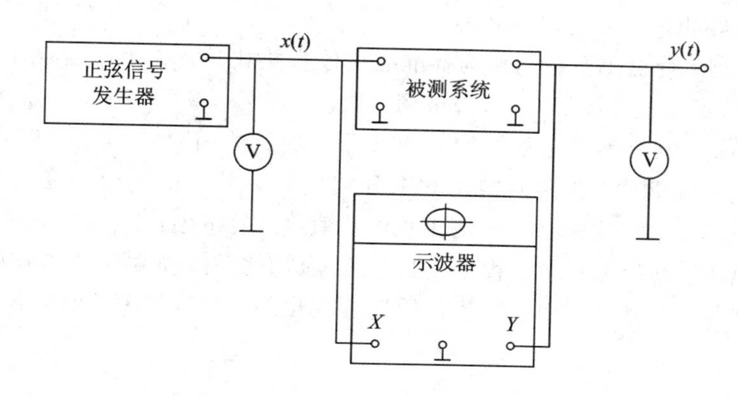

图 2－10　频率特性测试原理图

设被控对象的输入量和输出量分别为

$$x(\omega t) = x_{\mathrm{m}} \sin(\omega t)$$

$$y(\omega t) = y_{\mathrm{m}} \sin(\omega t + \varphi)$$

若以 $x(t)$ 为横轴，$y(t)$ 为纵轴，以 ω 作为参变量，随着 ωt 的变化，$x(t)$ 和 $y(t)$ 所确定的点的轨迹，将在 $x-y$ 平面上描绘出李沙育图形。

当 $\omega t=0$ 时，有

$$x(0) = 0$$

$$y(0) = y_{\mathrm{m}} \sin(\varphi)$$

即

$$\varphi = \arcsin\left(\frac{y_0}{y_{\mathrm{m}}}\right) \tag{2-1}$$

式(2－1)对于椭圆长轴在第一、三象限时适用；当椭圆长轴在第二、四象限时，相位差计算公式应为

$$\varphi = 180° - \arcsin\left(\frac{y_0}{y_{\mathrm{m}}}\right)$$

一般情况下，若控制系统的输出相角滞后于输入相角，则光标旋转方向为逆时针，计算的结果取负号；若输出相角超前于输入相角，则光标旋转方向为顺时针，计算的结果取正号。李沙育图形对仪器要求不高，但所得的精度较低，特别是在频率较高时，光标运动方向不易看出，这时只能按测试的数据连续性和对测试系统(或环节)的初步了解来估算其符号。

用这种方法测量相位差产生的误差有读数误差、示波器系统电路的非线性误差、示波

器固有相位差和被测信号的高次谐波等。

2.4 实验调试及测试数据处理

2.4.1 测量

测量是对事物的某种特性获得的表征。例如测得某物体的长度、重量后对该物体有了初步的认识。一般测量可分为以下几种：

(1) 直接测量。使被测参数与作为标准的量值直接比较，或用标准定好了的仪器进行测量，从而直接(不用数学换算式)求得被测参数。

(2) 间接测量。被测参数是某个变量或某几个变量的函数，不能直接测得，需要分别对各个变量进行直接测量，再将测得的数据分别代入关系式中进行计算，求出被测参数。比如用热电偶测量温度，实际上是先测出热电势值再换算成温度。

(3) 静态测量。在静态测量过程中被测量的量是不变的，如测量物体长度等。

(4) 动态测量。在测量过程中被测量的量是变化的，如给某一控制系统阶跃输入后测其输出响应。

2.4.2 误差的定义和分类

用实验方法对系统性能进行研究时，测量得到的数值一般与真值总是存在差异，该差异称为误差。实验中的误差是很难完全避免的，但随着测试手段精密程度的改进和测量者技术水平的提高，以及测量环境的改善，可以减少误差，或者减少误差的影响，提高实验准确程度。这里介绍误差分析和数据处理的目的，就是为了提高学生排除或减少误差的能力，掌握正确处理实验数据、获得更接近真值的最佳值方法。

1. 误差的概念

误差 Δ 等于测量值 x 与真值 a 之差，即

$$\Delta = x - a \tag{2-2}$$

为了计算误差，就必须知道真值。真值是客观存在的实际值，严格地说，是某一时刻和某一位置或状态下测量对象的某一物理量的实际值，是与时间、地点、条件有关的。通常误差是测量值与理论真值或相对真值相比得到的。

误差的大小，通常用绝对误差或相对误差来描述。绝对误差反映了测量值对于真值的偏差大小，它的单位与给出值单位相同。但绝对误差往往不能反映测量的可信程度，所以工程上一般采用相对误差——绝对误差 Δ 与真值 a 之比值，即单位真值的误差

$$\delta = \frac{x - a}{a} \times 100\% \tag{2-3}$$

来说明测量值的准确度和可信程度。

2. 误差的分类及其处理

误差的分类方法很多，按其产生原因和性质的不同，可以分为系统性误差、偶然性误差和粗差三种。

系统性误差是按某一确定规律变化的误差，即在同一条件下进行多次测量时，绝对值和符号均保持不变的误差，或条件改变时按某一规律改变的误差。这类误差，如果能找到产生误差的原因或误差的变化规律，是不难加以消除或修正的。如果能确定系统性误差的大小和方向，则可以用修正的办法找真值，即：

真值＝测量值－修正值

偶然性误差(随机误差)是指在条件不变情况下进行多次测量时，误差的绝对值和符号变化没有确定规律的误差，例如刻度盘刻线不够均匀一致，读数时对估计读数有时偏大有时偏小，测量环境受到偶然性的干扰等，这些都会引起偶然性误差。通常所说的实验误差，多数指的是偶然性误差。

偶然性误差难以排除，但可以用改进测量方法和数据处理方法来减少其对测量结果的影响。例如用多次测量取平均值配合增量法，可以使偶然性误差相互抵消一部分，得到最佳值，以及根据随机误差的分布规律，估算标准误差等。

粗差指测量结果的明显误差。例如测错(如对错了基准线)、读错(如1.03读成了1.30)、记错、实验条件未达到预期要求(如温度、真空度未达到要求)等，这些由于疏忽大意、操作不当或设备出了故障而引起明显不合理的错值或异常值，通常都可以从测量结果中加以剔除。一般讨论的误差不包括这类粗差，但必须强调，应该慎重地判明确属粗差，才能将之剔除。

3. 实验精度、精密度、准确度、精确度

控制系统特性实验中测得的数据都是近似数，因为无论是测量静态指标，还是测量动态指标都不是绝对精确，其本身的精度是有限的。

所谓精度，指的是不精确度或不准确度。例如某实验有0.1%的误差，可以笼统地说此实验的精度为10^{-3}，即指其不准确度不会超过10^{-3}。它包括三种不同的含义：

(1) 精密度：反映随机误差的大小。它指的是一种仪器、测量方法的精密程度。如图2-11(a)所示，测量值(以“•”表示)与理论值(以直线表示)相比很分散，就是精密度不好。

(2) 准确度：反映系统性误差的大小。它指的是测量的正确程度。如图2-11(b)所示，测量值很集中(精密度好)，但整体比理论值偏离一个距离，所以准确度不好。

(3) 精确度：反映随机误差与系统误差的合成(总和)。如图2-11(c)所示，测量值既很集中，又和理论值很靠近，就是其精确度好。

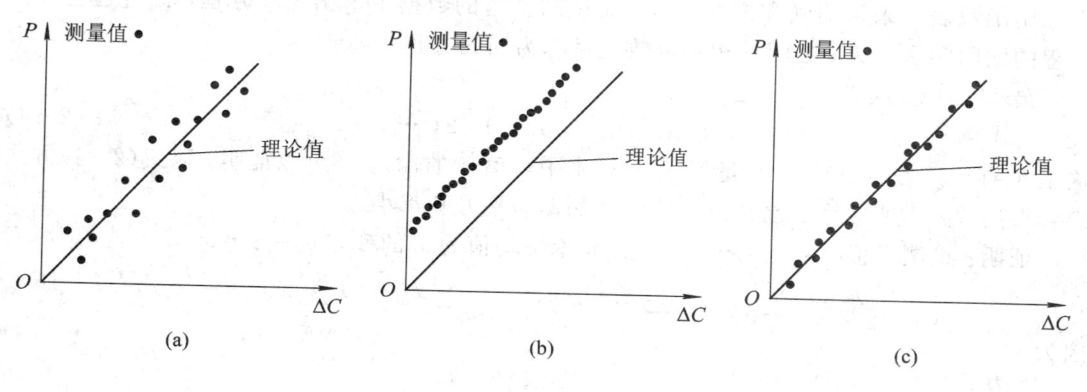

图2-11　理论值与测量值的关系

仪器和设备的精密度，一般在鉴定书或说明书上都有注明。使用中也可以取最小刻度的一半作为一次测量可能的最大误差，故常把每一最小刻度值作为其精密度，这里所指的是其分辨能力，即灵敏度。

在设计实验时，应根据实验要求，选择有足够精密度的仪器和设备，并选择合适的量程(最好使用满量程的50%～80%范围)，以最好地利用其精密度；在实验中，正确地使用、操作和读数，才能得到尽可能好的精确度。

2.4.3 实验结果的处理

由实验测得的数据，必须经过科学的分析和处理，才能表现出各物理量之间的关系。从获得原始数据到得出结论为止的加工过程称为数据处理。实验中常用的数据处理方法有列表法、作图法、逐差法和最小二乘法等。

(1) 列表法。列表法是记录和处理实验数据的基本方法，也是其他实验数据处理方法的基础。一般将实验数据列成适当的表格，就可以清楚地反映出有关物理量之间的对应关系，这样既有助于及时检查和发现实验中存在的问题，判断测量结果的合理性，又有助于分析实验结果，找出有关物理量之间存在的规律性。一个好的数据表可以提高数据处理的效率，减少或避免错误，所以一定要养成列表记录和处理数据的习惯。

(2) 作图法。利用实验数据，将物理量之间的函数关系用几何图线表示出来，这种方法称为作图法。作图法是一种被广泛用来处理实验数据的方法，它不仅能简明、直观、形象地显示物理量之间的关系，而且有助于研究物理量之间的变化规律，找出定量的函数关系或得到所求的参量。同时，所作的图线对测量数据起到取平均的作用，从而减小随机误差的影响。此外，还可以作出仪器的校正曲线，帮助发现实验中的某些测量错误等。因此，作图法不仅是一个数据处理方法，而且是实验方法中不可分割的部分。

(3) 逐差法。逐差法也是实验中处理数据常用的一种方法。凡是自变量等量变化而引起因变量也等量变化时，便可采用逐差法求出因变量的平均变化值。逐差法计算简便，特别是在检查数据时，可随测随检，及时发现差错和数据规律。更重要的是可充分地利用已测到的所有数据，并具有对数据取平均的效果。另外还可绕过一些具有定值的已知量，求出所需要的实验结果，减小系统误差和扩大测量范围。

(4) 最小二乘法。把实验的结果画成图表固然可以表示出规律，但是图表的表示往往不如用函数表示来得明确和方便，所以希望从实验的数据中求出经验方程，该过程也称为方程的回归问题，变量之间的相关函数关系称为回归方程。

最小二乘法原理如下。设

$$b_i = x_i - \overline{x} \qquad i = 1, 2, \cdots, n \tag{2-4}$$

这里 b_i 称为残差(或第 i 次测量值 x_i 与算术平均值 $\overline{x}$ 的偏差)。可以证明，以式(2-4)方式组合得到的残差平方和，比其他方式组合的偏差平方和都小。

证明： 设测量值 $x_1, x_2, \cdots, x_n$，其算术平均值为 $\overline{x}$ 的残差 $b_i = x_i - \overline{x}$

$$\sum b_i^2 = \sum x_i^2 - 2\sum x_i\overline{x} + n\overline{x}^2 = \sum x_i^2 - 2\overline{x}\sum x_i + n\overline{x}^2$$

因为

$$\overline{x} = \frac{\sum x_i}{n}$$

所以

$$\sum b_i^2 = \sum x_i^2 - 2n\bar{x}^2 + n\bar{x}^2 = \sum x_i^2 - n\bar{x}^2$$

若用求算术平均值以外的方法，求得一最佳值 ζ，则其某次测量值与 ζ 之偏差

$$B_i = x_i - \zeta$$

而

$$\sum B_i^2 = \sum x_i^2 - 2\zeta\sum x_i + n\zeta^2 = \sum x_i^2 - 2n\zeta\bar{x} + n\zeta^2$$

则有

$$\sum B_i^2 - \sum b_i^2 = n(\zeta - \bar{x})^2 \geqslant 0$$

因为两数差的平方总是大于或等于 0。故得到

$$\sum B_i^2 \geqslant \sum b_i^2$$

这就证明了各次测量值与算术平均值之偏差的平方和为最小；又因为每一偏差平方都是正值，所以又证明了各测量值与算术平均值之差为最小，亦即算术平均值为最佳值。这就是最小二乘原理。

2.5　实 验 要 求

2.5.1　预习要求

1. 学生在进行实验前应复习《机械控制工程基础》教材中的有关内容，认真阅读实验指导书及与实验有关的参考资料，明确实验要求，做好准备。

2. 在实验预习后，应对实验的内容和方法等进行充分讨论，然后认真填写实验预习报告。预习报告应在实验前完成，经教师审查同意后方可进行实验，未交预习报告或预习报告不符合要求的同学不能参加实验。

3. 实验预习报告应包括以下几个部分：

(1) 实验目的。

(2) 实验内容。

(3) 实验步骤(应写明每项实验内容的具体操作步骤，每个实验的保持条件，应读取哪些数据等)。

(4) 注意事项。

(5) 实验心得。

(6) 思考题(见实验指导书)。

此外，预习报告中应设计好记录表格，以备实验时记录数据使用(记录表格的格式可参考实验指示书中的说明)。预习报告应独立完成。

2.5.2　实验要求

1. 学生应按时到达实验室。在辅导教师宣布开始实验后，按预习布置设备、接线。凡在某一项实验中暂时不用的设备、仪表应整理好放在一边，以免用错发生意外。书包、衣服等不能放在实验台或仪器设备上。

2. 接线须整齐、清楚，力求简单、避免交叉。导线的长短、粗细选择应合适。一个接线柱上最多接两根线，以免导线松脱。线路布置(仪器摆放，接线等)应文明、安全，便于检查和操作。仪表位置应正确，便于准确读数。

3. 接线完毕，组内应互相认真检查，且每个成员对全部线路都应掌握。实验中不用的导线应整理好放回原处。然后请辅导教师检查，未经教师检查和同意不得进行实验。

4. 打开总电源前，要检查有关的设备或仪器、仪表等各调节量的调器端或滑块等(调压器、变阻器等)是否在适当的位置。在调节负载或改变电阻、电压、转速等量时，必须考虑到其他量的变化关系，随时注意其他量是否超过额定值，全组同学应明确分工、统一指挥，以免发生因配合不当而使设备过载乃至损坏的事故。

5. 原始记录中应包括实验日期、小组成员及实验数据(包括实验保持条件等)。记录数据要清晰，尽量避免涂改。对所作记录应随时检查，以免事后返工。实验内容完成后，组内应先检查所记录的数据，确定合理后再将原始记录送交教师审查，教师认可后方能拆线。实验数据不符合要求的应返工重做。实验结束后，学生应将拆下的导线及电压、电流插头等整理好并放归原处，并请教师在记录上签字。签字后的原始记录不得再随意涂改。

6. 在操作过程中，如果发生故障，应首先停止实验，然后在教师的帮助下，学习判断分析故障原因和排除方法。如果发生事故，当事人要按时交出事故报告，以便实验室查明情况，酌情处理。

7. 实验中应注意安全。

(1) 实验时禁止身体接触有电线路的裸露部分和设备的转动部分，以免发生人身伤害事故。

(2) 接线时，后接电源线；拆线时，须先切断电源；严禁带电改接线。通电前须通知全组成员；调节时不应过猛。

(3) 机器运转后，小组成员不得远离机器。一旦发生事故，应立即切断电源，保持除电源刀闸外的一切现场，并报告辅导教师处理。

2.5.3 实验报告要求

1. 实验报告应按实验指导书的要求根据原始记录做出，于规定时间内交到辅导教师处。

2. 实验报告由个人独立完成，每人一份。报告要有经辅导教师签字后的原始记录。无原始记录的报告无效。报告应字迹整齐，数据、曲线等符合要求。

3. 实验报告应包括以下几个部分：

(1) 封面(包括：实验名称、班号、组别、姓名及学号、同组同学姓名、实验日期、报告完成日期)。

(2) 实验目的。

(3) 实验内容(不要求具体步骤)及原理线路图。

(4) 数据处理。

(5) 实验总结：对实验结果和实验中的现象进行简练明确的分析并做出结论或评价，分析应着重于物理概念的探讨，也可以利用数学公式、向量图、曲线等帮助说明问题；对本小组和本人在实验全过程中的经验、教训、体会、收获等进行必要的小结。

(6) 对改进实验内容、安排、方法、设备等的建议和设想(此部分可选作)。

4. 对数据处理的具体要求：

(1) 将原始记录中要用到的数据整理后列表，并写明其实验条件；需要计算的加以计算后列入表中，同时说明所用的计算公式并以其中数据代入来说明计算过程。

(2) 计算参数或性能等时，要先列出公式，然后代入数字，直接写出计算结果(中间计算过程可略去)。计算的有效位数以仪表的有效位数为准。若计算曲线上的点，则也应按此要求代入数字，其他各点可将结果直接填入表中。

(3) 对绘制曲线的要求：

① 绘制曲线可选用方格纸(坐标纸)。使用时曲线在方格纸上的位置、大小应适中，不要太小且偏于一方。需要比较的各条曲线应画在同一方格纸上。

② 各坐标轴应标明所代表物理量的名称和单位，所用比例尺应方便作图与读数，不要采用诸如“1∶3”、“1∶6”、“1∶7”等不方便的比例尺。

③ 实验测取的点应明确标在坐标纸上(可用“·、×、°”等符号来表示)，但曲线须用曲线板光滑连接，不允许连成折线，更不允许徒手绘制。各曲线旁边应注明函数关系和实验条件。

④ 多条曲线画在同一图中时，不同曲线及其实验所得的点可用不同的线段(如实线、虚线、点画线)及符号(见上一点要求)来表示。

本章思考题

1. 控制系统的静态特性实验和动态特性实验有什么不同？
2. 时域法和频域法是动态特性的两种测试方法，它们是依据什么来划分的？
3. 由于实验数据不可避免有误差，在进行曲线拟合时，何时采用最小二乘法？
4. 实验的操作过程中，哪些误差可以避免？

第3章 MATLAB介绍

3.1 MATLAB简介

3.1.1 MATLAB概述

MATLAB是矩阵实验室(Matrix Laboratory)开发的交互式软件，用于算法开发、数据可视化、数据分析及数值计算。MATLAB的应用范围非常广，包括信号和图像处理、通信、控制系统设计、测试和测量、财务建模和分析，以及计算生物学等众多应用领域。附加的工具箱(单独提供的专用MATLAB函数集)扩展了MATLAB的使用环境，以解决这些应用领域内特定类型的问题。

Simulink是用于对动态系统进行多域建模和模型设计的平台。它提供了一个交互式图形环境以及一个自定义模块库，并针对特定应用加以扩展，可应用于控制系统设计、信号处理和通信及图像处理等众多领域。

1. MATLAB产品的体系结构

实际上MATLAB本身就是一个极其丰富的资源库，那么应该从哪一部分开始着手、学习使用MATLAB呢？这就有必要了解这一软件产品的体系结构。

MATLAB产品由若干模块组成，不同的模块完成不同的功能，其中：

(1) MATLAB：MATLAB是MATLAB产品家族的计算核心与基础，是集高性能数值计算与数据可视化于一体的高效编程语言。

(2) MATLAB Toolboxes：围绕着MATLAB这个计算核心，形成了诸多针对不同应用领域的算法程序包，被称为专用工具箱(Toolbox)，这些工具箱的列表以及每个工具箱的使用详见MATLAB在线帮助文档。MATLAB本身所提供的工具箱大概有40多个，另外还有其他公司或研究单位提供的工具箱，这些工具箱的总数已有100多个，而且新的工具箱还在不断增加。如果你有特别的应用领域，可以首先到网上查找是否已有相关的工具箱，很可能已有人将你要做的应用程序做成工具箱了。

(3) MATLAB Compiler：MATLAB Compiler这种编译器可以将MATLAB程序文件编译生成标准的C/C++语言文件，而生成的标准的C/C++文件可以被任何一种C/C++编译器编译生成函数库或可执行文件，以提高程序的运行效率。

(4) Simulink：Simulink是窗口图形方式的、专门用于连续时间或离散时间的动态系统建模、分析和仿真的核心。

(5) Simulink Blocksets：围绕着Simulink仿真核心所开发的应用程序包，称为模块集(Blocksets)。MATLAB产品提供许多专用模块集，如Communication Blockset、DSP Blockset、SimPowerSystem Blockset、Signal Processing Blockset等，详见MATLAB在线

帮助文档。

(6) Real-Time Workshop (RTW)：Real-Time Workshop 是一种实时代码生成工具，它能够根据 Simulink 模型生成程序源代码，并打包、编译所生成的源代码，生成实时应用程序。

(7) Stateflow：针对复杂的事件驱动系统，Stateflow 是基于有限状态机理论进行建模、仿真的工具。

(8) Stateflow Coder：Stateflow Coder 是基于 Stateflow 状态图生成高效、优化的程序代码。

从现有的 Simulink 和 Stateflow 可自动生成 C 语言程序代码，并且可将 C 语言程序代码自动转换到 VHDL（Very High Speed Integrated Circuit Hardware Description Language，一种标准的硬件电路设计语言），可以看出，高级的系统仿真或低级的芯片算法设计，都可用 MATLAB、Simulink、Stateflow 及相关的工具箱来完成。

2. MATLAB 编程语言的特点

语法规则简单。尤其内定的编程规则，与其他编程语言(如 C、Fortran 等)相比更接近于常规数学表示。使用数组变量，不需类型声明和事先申请内存空间。MATLAB 基本的语言环境提供了数以千计的计算函数，极大地提高了用户的编程效率。如一个 FFT 函数可完成对指定数据的快速傅里叶变换，这一任务如果用 C 语言来实现的话，至少要用几十条语句才能完成。

MATLAB 是一种脚本式(scripted)的解释型语言，无论是命令、函数或变量，只要在命令窗口的提示符下键入，并按下“回车(Enter)”，MATLAB 都予以解释执行。

平台无关性(可移植性)。MATLAB 软件可以运行在很多不同的计算机系统平台上，如 Windows 7/Windows 8/NT/XP、很多不同版本的 UNIX 以及 Linux。无论在哪一个平台上编写的程序都可以运行在其他平台上。MATLAB 数据文件也是平台无关的，极大保护了用户的劳动、方便了用户。其绘图功能也是平台无关的，无论任何系统平台，只要 MATLAB 能够运行，其图形功能命令就能正常运行。因此，MATLAB 是一个简单易用、功能强大的高效编程语言。

1）功能强大

(1) 数值运算优势。

(2) 符号运算优势(Maple)。

(3) 强大的 2D、3D 数据可视化功能。

(4) 具有许多自适应能力的功能函数。

2）语言简单、内涵丰富

(1) 语言及其书写形式非常接近于常规数学书写形式。

(2) 其操作和指令就是常用的计算机和数学书上的一些简单英文单词表达的，如：help、clear 等。

(3) 完备的帮助系统，易学易用。

3）扩充能力、可开发能力较强

(1) MATLAB 完全成了一个开放的系统。

(2) 用户可以开发自己的工具箱。

(3) 可以方便地与 FORTRAN、C 等语言接口。

4) 编程易、效率高

(1) MATLAB 以数组为基本计算单元。

(2) 具有大量的算法优化的功能函数。

3.1.2　MATLAB 界面

1. 启动与退出 MATLAB

(1) 启动 MATLAB。直接用鼠标双击桌面上 MATLAB 图标或 Windows 桌面的"开始"→"所有程序"→"MATLAB"。

(2) 退出 MATLAB。关闭 MATLAB 桌面在命令窗口执行 quit 或 exit 命令。

2. MATLAB 缺省桌面

启动 MATLAB 软件后出现如图 3-1 所示的界面。

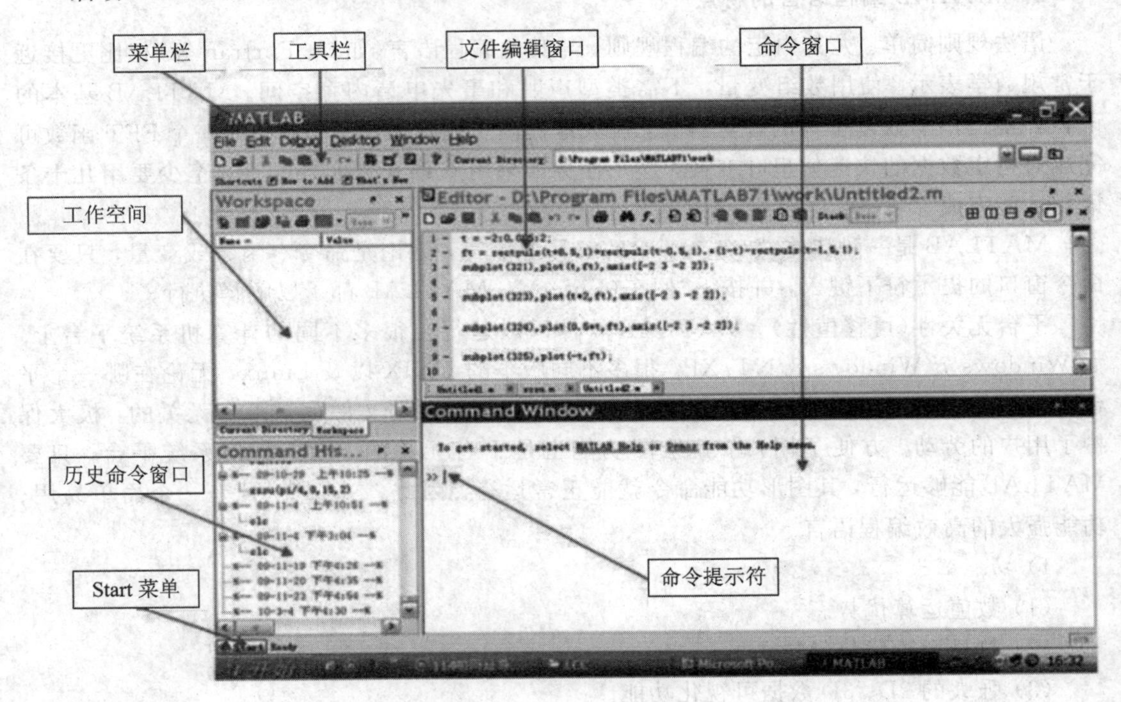

图 3-1　MATLAB 的系统界面

整个界面可分为以下四个部分，它们可重叠在一起，也可独立分离，窗口可根据用户需求调节大小。鼠标在 MATLAB 工具栏按钮上停留 3 s 后，会显示该按钮功能。

(1) 命令窗口(Command Window)：用于输入命令或程序，运行函数或 M 文件。可以进行直接交互的命令操作，输入命令后，按回车键，MATLAB 就立即执行命令，并显示出运行结果。

(2) 工作空间窗口(Workspace)：临时保存命令运行后产生的参数及相关信息，包含参数的值、变量类型及占用空间大小等，这些参数可以在命令窗中复用。

(3) 当前目录窗口(Current Directory)：显示当前运行程序所在的路径。

(4) 命令历史窗口(Command History)：用于记录命令窗口中已经运行的命令，可以使用选定、复制、粘贴等操作重新执行这些命令。

3.1.3 MATLAB窗口

1. 命令窗口(Command Window)

命令行窗口是MATLAB最重要的窗口。用户输入各种指令、函数、表达式等，都是在命令行窗口内完成的，如图3-2所示。

注意：“＞＞”是运算提示符，表示MATLAB处于准备状态，等待用户输入指令进行计算。在提示符后输入命令，并按Enter键确认后，MATLAB会给出计算结果，并再次进入准备状态。

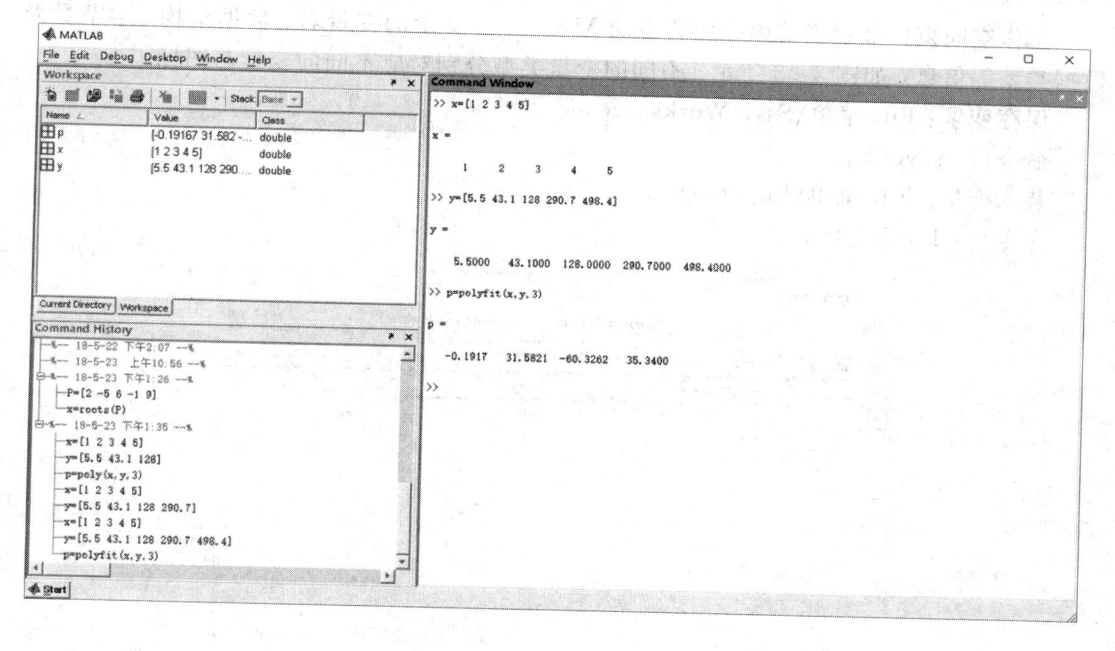

图3-2 命令行窗口

单击命令窗口右上角的下三角形图标并选择“取消停靠”，可以使命令行窗口脱离MATLAB界面成为一个独立的窗口；同理，单击独立的命令窗口右上角的下三角形图标并选择“停靠”，可使命令窗口再次合并到MATLAB主界面。

2. M文件编辑/调试(Editor/Debugger)窗口

MATLAB Editor/Debugger窗口是一个集编辑与调试两种功能于一体的工具环境。

M文件：它是一种和Dos环境中的批处理文件相似的脚本文件，对于简单问题，直接输入命令即可，但对于复杂的问题和需要反复使用的则需做成M文件(Script File)。

创建M文件的方法：MATLAB命令窗的File/New/M-file；在MATLAB命令窗口运行edit。

M文件的扩展名：*.m

M 文件的调试：选择 Debug 菜单，其各项命令功能如下：

(1) Step：逐步执行程序。

(2) Step in：进入子程序中逐步执行调试程序。

(3) Step out：跳出子程序中逐步执行调试程序。

(4) Run：执行 M 文件。

(5) Go Until Cursor：执行到光标所在处。

(6) Exit Debug Mode：跳出调试状态。

函数文件的创建要求：文件名与函数名必须相同，如 sin(x)必有 sin.m 函数文件存在。要求实参和形参位置一一对应，形参在工作空间中不会存在，可以编写递归函数，可以嵌套其他函数，可以用 return 命令返回，也可以执行到终点返回。

3. 工作空间(Workspace)窗口

工作空间窗口显示当前内存中所有的 MATLAB 变量的变量名、数据结构、字节数及数据类型等信息，如图 3-3 所示。不同的变量类型分别对应不同的变量名图标。

保存变量：File 菜单\Save Workspace as

命令行：save 文件名

装入变量：File 菜单\Import Data

命令行：Load 文件名

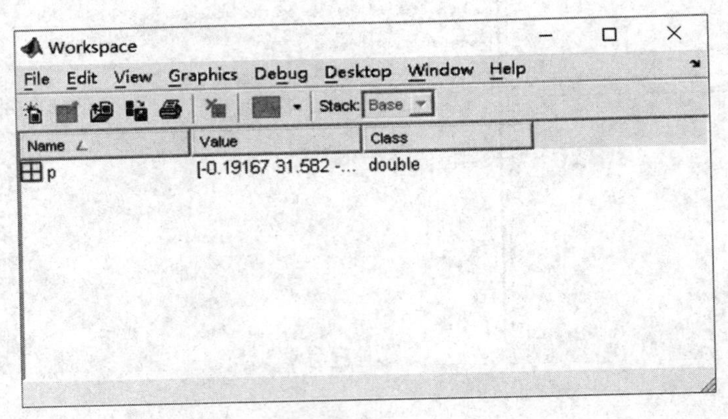

图 3-3　工作空间窗口

用户也可以选中已有变量，单击鼠标右键对其进行各种操作。此外，工作界面的菜单/工具栏上也有相应的命令供用户使用。

4. 当前目录窗口(Current Directory)和搜索路径

当前目录窗口指 MATLAB 运行时的工作目录。只有在当前目录和搜索路径下的文件、函数才可以被运行和调用。如果没有特殊指明，数据文件将存放在当前目录下。用户可以将自己的工作目录设置成当前目录，从而使得所有操作都在当前目录中进行。

搜索路径指 MATLAB 执行过程中对变量、函数和文件进行搜索的路径。在 File 菜单中选择 Set Path 命令或在命令窗口输入 pathtool 命令，出现搜索路径设置对话框，如图 3-4 所示。修改完搜索路径后，需要进行保存。

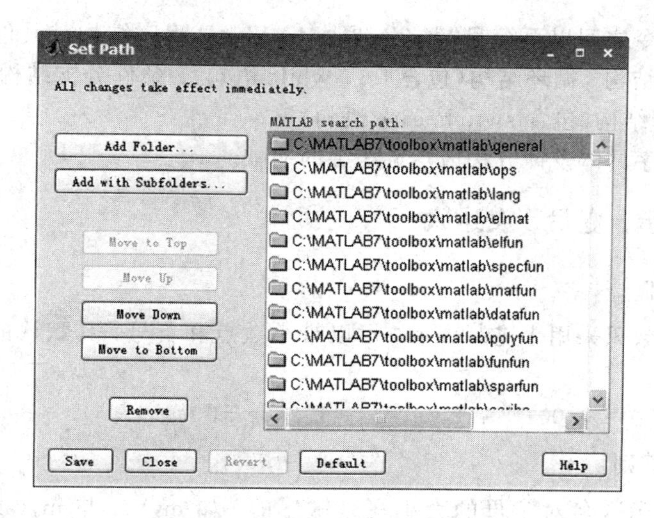

图 3-4　搜索路径设置窗口

5. 命令历史窗口(Command History)

命令历史窗口提供先前使用过的函数，可以复制或者再次执行这些命令。

历史窗口：首先记录每次启动时间并记录在命令窗口输入命令，此次运行期间，输入的所有命令被记录为一组，并以此次启动时间为标志。

使用历史窗口：可以查看命令窗口输入过的命令或语句，可以选择一条或多条命令进行拷贝、执行、创建M文件等。

要清除历史记录，可以选择Edit菜单中的Clear Command History命令。

6. 获取在线帮助

MATLAB具有完善的帮助系统，获取帮助的方式很多，有命令帮助、联机帮助和演示帮助等。充分利用帮助系统，可以更快、更准确地掌握MATLAB的使用方法。

(1) 使用联机帮助窗口。打开主菜单"Help"，选择"Help Windows"，或者单击工具栏上的问号按钮，将打开分类帮助导航窗口，可以按类选择需要的帮助；选择"Help Tips"，将打开函数指令名帮助窗口，查找需要帮助的函数文件格式等。

(2) 使用帮助命令help。如果已知命令，需要查找它的使用方法，可使用"help"命令格式。

(3) 使用lookfor命令。"lookfor"命令提供了通过一般关键词找到命令和帮助标题的方式。命令格式为"look-for＋关键词"。

(4) 演示帮助。打开主菜单"Help"，选择"Demos"选项，或者在命令窗口执行demos命令，可以打开演示窗口，选择需要演示的内容进行演示。

3.2　MATLAB编程技巧(程序设计)

3.2.1　MATLAB程序设计基本原则

MATLAB是一种高效的编程语言，属于解释性程序语言。程序中的语句边解释边执行，解释语句与指令之间以百分号“%”分隔。MATLAB 程序结构与其他的计算机高级语言一样，具有顺序结构、循环结构(包含 for，while 语句)、条件分支结构(包含 if/else，if/else if 语句)、选择结构(包含 switch/case 语句)等。

MATLAB 程序具体设计方法请参见相关的文献。

3.2.2　数值表示、变量、表达式

1. 数值的记述

MATLAB 的数只采用十进制表示，可以带小数点和负号，其默认的数据类型为双精度浮点型(double)。

例如：3　−10　0.001　1.3e10　1.256e−6

2. 变量命令规则

(1) 变量名、函数名对字母的大小写是敏感的。如 myVar 与 myvar 表示两个不同的变量。

(2) 变量名第一个字母必须是英文字母。

(3) 变量名可以包含英文字母、下划线和数字。

(4) 变量名不能包含空格、标点。

(5) 变量名最多可包含 63 个字符(6.5 及以后的版本)。

3. 复数及其运算

MATLAB 中复数的表达：$z=a+bi$，其中 a、b 为实数。MATLAB 把复数作为一个整体，像计算实数一样计算复数。

3.2.3　MATLAB 基本运算

MATLAB 的科学运算包含数值运算与符号运算两大类，数值运算的对象是数值，符号运算的对象则是非数值的符号字符串。MATLAB 基本运算中有些常用符号有特殊的含义，说明见表 3-1。

表 3-1　MATLAB 基本运算中的符号特殊含义说明

符号	名称	含　义	符号	名称	含　义
:	冒号	表示间隔	()	圆括号	在算术表达式中表示先后次序
;	分号	用于分隔行	[]	方括号	用于构成向量和矩阵
,	逗号	用于分隔列	{}	大括号	用于构成单元数组

1. MATLAB 的数学表达式及矩阵建立

MATLAB 的数学表达式输入格式与其他计算机高级语言几乎相同，注意以下几个方面：

(1) 表达式必须在同一行内书写。

(2) 数值与变量或变量与变量相乘都不能连写，中间必须用乘号“*”。

(3) 分式的书写要求分子、分母最好分别用小括号限定。

(4) 当 MATLAB 函数嵌套调用时，使用多重小括号限定。

(5) 求幂运算的指数两侧最好用小括号限定，自然常数 e 的指数运算书写为 exp()。

(6) MATLAB 的符号运算中，求 e 为底的自然对数，其函数书写形式为 log()。

(7) MATLAB 中的特殊变量的含义："pi"表示圆周率 π；"i"或"j"表示虚数单位；"inf"或"INF"表示无穷大，"NaN"表示 0/0 不定式。

【范例 3-1】

(1) $y=\dfrac{1}{a\cdot\ln(1-x-a)+2a}$

在 MATLAB 中应书写为

```
>>y=1/(a*ln(1-x-a)+2*a)
```

(2) $f=2\ln(t)\cdot e^{t}\cdot\sqrt{\pi}$

在 MATLAB 中应书写为

```
>>f=2*log(t)*exp(t)*sqr(pi)
```

【范例 3-2】

(1) 建立矩阵 $A=[7\quad 8\quad 9]$，$B=\begin{bmatrix}7\\8\\9\end{bmatrix}$。

在命令窗口中输入以下命令：

```
>>A=[7  8  9]
```

回车后得到结果：

```
A=
    7  8  9
```

实现矩阵的转置计算，可以在命令窗口中输入以下命令：

```
B=A'
```

回车后得到结果：

```
   7
B=8
   9
```

(2) 建立矩阵 $A=\begin{bmatrix}1&1&2\\3&5&8\\10&12&15\end{bmatrix}$

```
>>A=(1  1  2  ;  3  5  8  ;  10  12  15)
A=
   1   1   2
   3   5   8
   10  12  15
```

注意：建立矩阵时，矩阵按行展开数据，行中的元素用空格或逗号分隔，每行之间用分号分隔。

(3) 使用冒号生成行向量

```
>>a=1  :  -1  :  10
```

该命令与命令 a=1 ： 10生成的结果相同。

```
>>t=10 : -1 : 1
```

当命令回车后，显示结果：

```
t = 10 9 8 7 6 5 4 3 2 1
```

注意：使用 $x:\Delta x:y$ 生成向量，其中 x 表示初始值，Δx 表示步长增量，y 表示终值，向量个数自动生成。

2. MATLAB 的多项式运算

常用的多项式运算函数及功能说明见表 3-2。

表 3-2 常用的多项式运算函数及功能说明

函数	功能	函数	功能
conv	多项式乘法(卷积)	poly	由根求多项式
deconv	多项式除法(解卷)	roots	多项式求根
polyval	多项式求值	polyfit	多项式曲线拟合

1) 多项式乘法(卷积)函数 conv()

【范例 3-3】

求多项式 $D(s)=(5s^2+3)(s+1)(s-2)$ 的展开式。

```
>>D=conv([5 0 3], conv([1 1], [1 -2]))
```

运行命令后可得到多项式的系数：

```
D=
    5  -5  -7  -3  -6
```

则

$$D(s)=(5s^2+3)(s+1)(s-2)=5s^4-5s^3-7s^2-3s-6$$

注意：conv()函数只能用于两个多项式相乘，多于两个多项式相乘则必须嵌套使用。

2) 多项式求根函数 roots()与由根求多项式函数 poly()

【范例 3-4】

(1) 求多项式 $P(x)=2x^4-5x^3+6x^2-x+9$ 的根。

```
>>P=[2 -5 6 -1 9]
>>x=roots(P)
```

运行命令后可得多项式的根：

```
X=
    1.6024+1.2709i
    1.6024 - 1.2709i
    -0.3524+0.975i
    -0.3524 -0.975i
```

(2) 已知多项式的根分别为 2、3、4，求此根对应的多项式的表达式。

```
>>PI=poly([2, 3, 4])
```

命令运行结束后可得多项式系数：

```
PI=
    1   -9   26   -24
```

即所求多项式为

$$P(x)=x^3-9x^2+26x-24$$

此结果可用 roots()函数来验证。

3）多项式曲线拟合函数 polyfit()

MATLAB 求多项式曲线拟合函数 polyfit()，采用最小二乘法对给定点集进行曲线拟合，其调用格式为：

```
p=polyfit(x, y, n)
```

其中：x 是拟合函数中的自变量，y 是因变量，y=p(x)，n 为要返回的多项式阶数，p 为拟合 n 阶多项式系数。x，y 必须是一串相关的有序数据。

【范例 3-5】 采用最小二乘法进行曲线拟合，拟合成 3 阶多项式函数。

```
>>x=[1  2  3  4  5];
>>y=[5.5  43.1  128  290.7  498.4];
>>p=polyfit(x, y, 3)
```

程序运行后，得到 3 阶拟合的多项式系数：

```
p=
  -0.1917   31.5821   -60.3262   35.3400
```

若保留两位小数，得到 3 阶多项式：

$$P(x)=-0.19x^3+31.58x^2-60.32x+35.34$$

此结果可用 polyval()函数来验算。

```
>>p=[-0.1917   31.5821   -60.3262   35.3400];
>>y=polyval(p  ,[1  2  3  4  5])
```

指令运行后，显示结果：

```
y=
  5.5000   43.1000   128.0000   290.7000   498.4000
```

可见，拟合得到的多项式函数与给定数据吻合。

3. MATLAB 的符号运算

1）创建符号对象与函数命令 sym()与 syms()

在一个 MATLAB 程序中，作为符号对象的符号常量、符号变量、符号函数以及符号表达式，使用函数命令 sym()与 syms()加以创建。

调用格式 1　syms(A)或 syms('A')

该命令功能是建立一个符号对象。如果 A 是一个数字(值)或数值矩阵或数值表达式，则不带单引号，那么输出是将数值对象转换成的符号对象。如果 A 是一个字符串，则带单引号，那么输出是将字符串转换成的符号对象。

调用格式 2　syms　s1　s2　s3

该命令功能是建立多个符号对象。

【范例 3-6】 建立多项式 $d_1=s-1$，$d_2=s^2-1$，计算 $d_1/d_2=?$

```
>>syms s;
>>d1=s-1; d2=(s^2-1);
>>simple(d1/d2)
```

指令执行后，显示结果：

```
ans=
    1/(s+1)
```

2）符号表达式因式分解函数命令 factor()

调用格式　factor(E)

该命令功能是对符号表达式进行因式分解。

【范例 3-7】 试对 $f=a^2-b^2$ 因式分解。

```
>>syms a b;
>>f=a^2-b^2;
>>f1=factor(f)
```

指令执行后，显示结果：

```
f1=(a+b)*(a-b)
```

3.3 Simulink 建模方法

3.3.1 Simulink 仿真工具

MathWorks 开发的 Simulink 是 MATLAB 的重要工具箱之一，主要功能是实现动态系统建模、仿真与分析。按照仿真最佳效果来调试及整定控制系统的参数，可缩短控制系统设计的开发周期，降低开发成本，提高设计质量和效率。Simulink 的优越性具体表现在以下几点：

（1）Simulink 建模直接绘制控制系统的动态模型结构，与控制系统的方框图表现形式一样，便于快速分析控制系统的各项指标。与传统的系统微分方程或差分方程数学模型比较，既方便又直观。

（2）Simulink 仿真工具模块化使构成控制系统更简捷方便，只需将仿真工具模块按照一定的规则重新组合，就能构成各种不同的控制系统模型。Simulink 工具箱中的模块多，功能全，而且可以根据用户需要重新构造子模块，封装后嵌入在 Simulink 工具箱中，便于以后重复使用。

（3）鼠标拖动连线功能代替了传统微分方程（或差分方程）中的基本数学运算，并且参数修改更加方便，只需双击模块进行参数设置即可，而后整个系统模型随之更新。

（4）Simulink 丰富的菜单功能使用户能够更加高效地对系统进行仿真，以及分析其动态特性。多种分析工具、各种仿真算法、系统线性化、寻找平衡点等，都是非常先进而实用的。

（5）Simulink 中的 Scope 示波器模块类似于电子示波器，用于显示仿真实时曲线，使仿真结果更直观，特别适用于自动控制系统的仿真与分析研究。

3.3.2　Simulink 的启动

Simulink 的启动有以下几种方法：

(1) 在 MATLAB 的命令窗口里输入“simulink”命令后回车。便可启动 Simulink。

(2) 在 MATLAB 的工具栏上单击“”按钮后，可进入 Simulink 模块库浏览器。

单击工具栏的“”按钮或选择菜单项“File”中的“New”命令，进入 Simulink 空白设计区桌面，在这里可进行建模仿真设计。

3.3.3　Simulink 界面介绍

Simulink 界面主要是模块库的树状结构区域及其对应模块库中子模块的显示区域。模块库 Simulink 下有 17 个模块组，每个模块组内又包含许多基本模块。只需用鼠标双击某模块组，即可查看其对应的内含子模块。

3.3.4　使用 Simulink 建立系统模型

Simulink 完全采用标准模块方框图的复制方法来构造动态系统的结构图模型。结构图模型的创建过程就是在 Simulink 模块库中选择所需要的基本模块，不断复制到模型窗口里，再用 Simulink 的特殊连线法把多个基本模块连接成描述或代表控制系统实际结构的方框图模型的过程。

1. 模型窗口

模型窗口是 Simulink 仿真工具用来绘制系统结构图模型的空白设计区，如图 3-5 所示。控制系统创建的结构图模型(或方框图模型)就是在这里完成的，因此该窗口也称为方框图窗口。模型文件的扩展名为“. mdl”。

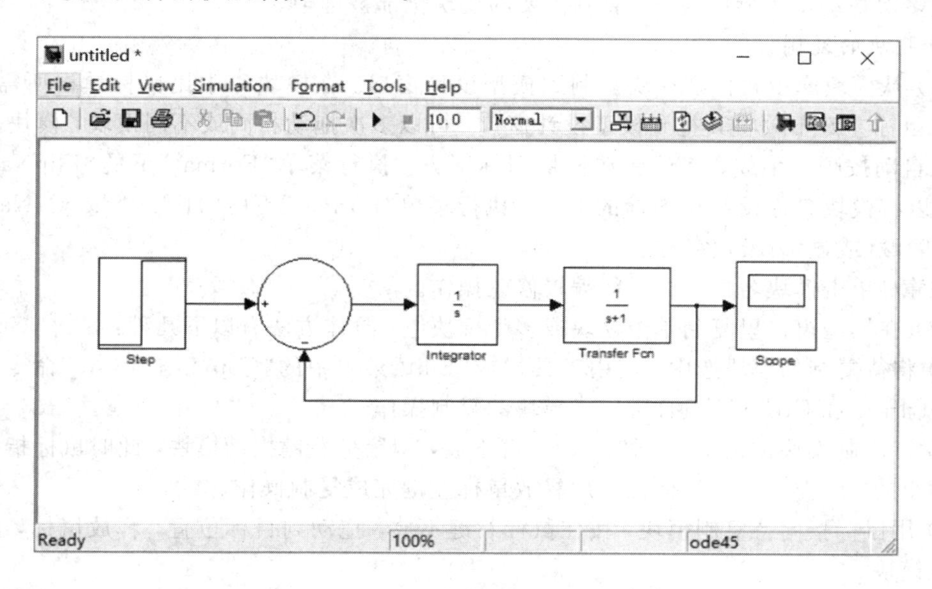

图 3-5　Simulink 的模型设计窗口

1）新建或打开模型文件

新建或打开模型文件有以下几种方法：

(1) 选择 MATLAB 命令窗口菜单“File”下“New”子菜单下的“Model”命令。

(2) 在 MATLAB 命令窗口下输入“simulink”命令后，在打开的 Simulink 浏览器窗口的工具栏上单击“🗋”按钮。

(3) 在 MATLAB 命令窗口的工具栏上单击“New Simulink Model”按钮，打开 Simulink 浏览器，选择菜单“File”下的“New Model”命令。

(4) 如果要打开一个已存在的方框图模型文件，双击它即可，或者在 MATLAB 的 Command Windows 中直接键入模型文件名字。

(5) 打开已存在的模型文件可以使用模型窗口里菜单“File”下的“Open”命令。

注意：由 Simulink 创建的“. mdl”文件也可以在 MATLAB 命令窗口里用“type”指令查看其内容，其内容为模型对应的 MATLAB 程序。

2）结构图模型标题名称的标注与修改

在欲标注模型标题的空白处，双击鼠标左键即可拉出一个矩形框，其中有文字输入光标在闪动，可以输入新的标题名称。若要修改模型标题，用鼠标左键单击原来标题名称，出现一矩形框，内有光标在闪动，即可修改名称或作注解。

注意：标题名称既可以是英文，也可以是中文，文本编辑与普通文本编辑方法一样。

2. 模块的基本操作

1）选定模块

选定单个模块，只需用鼠标单击它即可，当模块四个角处出现缩放手柄，表明模块处于选中状态；如果要选定一组模块，可以按住鼠标左键拉出一矩形虚线框，将所有待选模块框在其中，这样所有的模块都处于选中状态。另一种方法是按住 Shift 键，逐个单击被选模块或多次拖动出矩形虚线框，直到需要的模块全部被选中。

2）模块的复制

(1) 从模块库中将标准模块复制到模型设计窗口。在模块库中用鼠标单击所需模块，并按住鼠标左键不放将其拖到模型设计窗口，可以多次拖动相同或不同模块，模块的名称系统会自动按顺序生成，默认放在模块图标下方。执行菜单“Format”下的“FlipName”命令，可以将模块名称设置在图标的上方。执行菜单“Format”下的“Hide (Show) Name”命令，将隐藏(或显示)模块名称。

注意：单击模块名称可以进行编辑修改操作。

(2) 在模型窗口里复制单个模块或多个模块组。具体方法有以下几种：

① 将待复制的模块选中，使用工具栏或“Edit”菜单中的“Copy”与“Paste”命令，或者使用 Ctrl＋C 和 Ctrl＋V 组合键完成模块的复制操作。

② 待复制模块被选中后，按住 Ctrl 键不放，用鼠标左键拖动模块，此时鼠标指针多了一个小小的“＋”号，到达目标位置后释放鼠标左键完成复制操作。

③ 用鼠标指向待复制模块，按住鼠标右键不放，拖动到目标位置，释放鼠标，即可复制一个模块。

3）模块的移动

选中待移动模块，按住鼠标左键不放，拖动模块到目标位置即可。

注意：模块移动时，与其相连的连线也随之移动。

4）模块的删除与恢复

选中模块，按 Del 键或用"Edit"菜单中的"Cut"命令删除模块。工具栏中或"Edit"菜单中的"Undo"命令可以撤销操作。

5）改变模块对象的大小

模块被选定后，其四周会出现黑色的缩放手柄，鼠标指针指向这些手柄时，指针会变成双向箭头形状，此时按住鼠标左键拖动，模块的大小会随着鼠标移动而改变。

6）改变模块对象的方向

一个标准功能模块就是一个控制环节，默认状态下，模块的输入端口在左侧，输出端口在右侧，信号流向不能改变。然而控制系统在建模的过程中，比如在反馈通道中，往往需要输入信号在右侧，输出信号在左侧；有时还需要输入、输出信号的流向是上下流向，这样就需要更改模块对象的方向来实现不同的需要。具体操作如下：选定模块，使用主菜单"Format"或右键快捷菜单中的"FlipBlock"（将功能模块旋转 180°）或"Rotate Block"（将功能模块顺时针旋转 90°）命令改变模块的方向。

7）模块的外观编辑

模块内的字体、字号和字的颜色均可以编辑，模块外框线条的粗细、颜色及填充也可以修改，此外观上的更改可以使用鼠标右键中的快捷菜单实现。

3. 模块的连接

模块之间的连接是靠信号线来实现的，信号线是带箭头的，表示信号的流向，它只能从一个模块的输出端口连接到另一个模块的输入端口，两个输入端口或两个输出端口之间不会产生信号线，在操作中会有红色的"×"提示信号流方向错误。建立模块间的连接操作步骤如下：用鼠标左键单击模块的输入或输出端口，光标将变为十字形状，拖动十字光标到下一模块的输出或输入端口，待连线与其汇合，光标变成双十字形状后可松开鼠标，这样连线就成了带箭头的信号线，两模块就连接起来了。选中信号线，可以对它进行适当的编辑，如改变其粗细、移动、设置信号流名称（即标签），也可以把信号线折弯、分支和删除等。

（1）向量信号线与线型设定。对于向量信号线，使用主菜单"Format"下的"Wide VectorLines"命令，可将信号线变粗，并且表示该信号为向量形式。但必须在执行完 Simulink 下的"Start"命令或"Edit"下的"Update Diagram"命令之后才能显示出效果。

（2）信号线设置标签。在信号线上双击鼠标，即可在其下部拉出一个矩形框，框内出现文字输入光标，等待输入说明标签。信号线的标签一般用来说明信号流的名称。

（3）信号线折弯。具体方法有以下几种：

① 选中信号线，按住 Shift 键，用鼠标左键在要折弯的地方单击一下，此处就会出现一个小圆圈，表示折点，利用折点就可以改变信号直线的方向。

② 选中信号线，将鼠标指向信号线端点的小黑块，等待光标由箭头变为"○"，按住鼠标左键拖动信号线，即可将其以转直角的方式折弯。

③ 在方法二操作中，如果鼠标指到信号线的任意位置，则可将其以任意角度折弯。

(4) 信号线分支。具体方法有以下几种：

① 选中信号线，按住 Ctrl 键，在要建立分支的地方按住鼠标左键拉出即可。

② 将鼠标指到要引出分支的信号线段上，按住鼠标右键拖动鼠标即可拉出分支线段。如果按住鼠标右键，拖动鼠标还可以拉出非直角线段。

(5) 显示向量信号线上的信号数目。对于向量信号线，执行主菜单下的“Format”下的“VectorLine Widths”命令，模型框图中所有向量连接上出现一个小阿拉伯数字，该数字表示该向量信号线内有多少个信号的数目，从而可获知某个模块有多少个输入、输出信号。第二次重复使用上述命令，能取消信号数目显示。

(6) 信号线与模块分离。按住 Shift 键不放，用鼠标拖动模块至其他处，可以把模块与连线分离。

(7) 信号线平移及删除。选中信号线，按住鼠标左键不放，待光标变为十字形状时，水平或垂直方向拖动信号线至目标位置后，释放鼠标左键，完成信号线的移动。选中信号线，按 Del 键即可删除信号线。

4. 模型框图的打印

模型框图可以直接打印输出。选择主菜单“File”下的“Print”命令或单击工具栏上的“”按钮，可以打印当前活动窗口的框图，但不打印任何打开的示波器 Scope 模块。

5. Simulink 建模注意事项

(1) 建模准备工作。建模前要做到心中有数，最好在纸上画出草图，然后输入到计算机。建模时，可以先将需要的模块都复制到模型窗口中，并排列好位置，然后再连线。这样有助于减少打开文件的时间，提高工作效率。

(2) 规范建模。模型结构图要符合一般制图的规范。模块大小尺寸要比例适中，信号连线应清楚整齐，尽量减少不必要的交叉线。节点处应用节点标记，模块名称应有序明了，信号线上也可以添加标签以说明信号量的名称，便于理解分析，模型的标题应清楚标记在整个模型的中央上方。另外，还可以适当添加注释信息，如说明模型的初始状态或运行条件等。

(3) 合理设置仿真参数。根据 PC 机的硬件配置，合理设置仿真参数，能提高仿真速度从而提高效率。内存越大，仿真速度越快。仿真步长或者采样周期设定过小，虽然可以捕捉到仿真过程中的重要细节，但是输出值太多，会降低仿真速度，因此要选择合适的步长和仿真时间。

3.3.5 常用模块内部参数的设置

1. 线性传递函数模型模块 Transfer Fcn

线性传递函数模型模块采用多项式模型来描述线性控制系统传递函数：

$$G(s)=\frac{C(s)}{R(s)}=\frac{b_0 s^m+b_1 s^{m-1}+\cdots+b_m}{a_0 s^n+a_1 s^{n-1}+\cdots a_n}=\frac{\mathrm{num}(s)}{\mathrm{den}(s)}$$

式中，用分子、分母多项式系数构成两个向量，num $=[b_0, b_1, \cdots, b_m]$，den $=[a_0, a_1, \cdots a_m]$。

【范例 3-8】 构造传递函数 $G(s)=\dfrac{s^4+2s^3+5s}{s^5+s^4+2s^3+6s+8}$ 的模型模块。

由以上传递函数，可以写出该控制系统的分子、分母向量为

$$num=[1\quad 2\quad 0\quad 5\quad 0],\ den=[1\quad 1\quad 2\quad 0\quad 6\quad 8]$$

打开“Transfer Fcn”模块的参数设置对话框，在“Numerator Coefficient:”文本框中输入 num 的值[1 2 0 5 0]，在“Denominator coefficient:”文本框中输入 den 的值[1 1 2 0 6 8]，确认后就可以得到相应的模块，如图 3-6 所示。

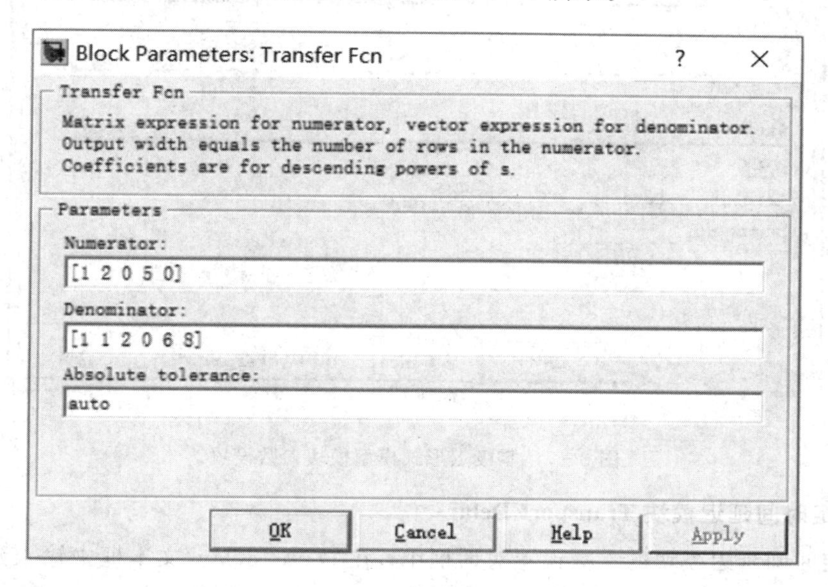

图 3-6 线性传递函数模块参数设置

注意： 注意在多项式中缺少的项的系数为 0，写系数向量时不能缺少，需要补足零，否则阶次与系统就不匹配，尤其是无常数项时，最后一个向量必须是 0。如果范例中的分子向量 num 写成[1 2 5]，得到的模块模型就变成 $\dfrac{s^2+2s+5}{s^5+s^4+2s^3+6s+8}$，这与要求的不一致，因此是错误的。

2. 零极点形式模型模块 Zero-Pole

零极点形式模型模块采用零极点形式描述线性系统传递函数：

$$G(s)=\frac{K(s-z_1)(s-z_2)\cdots(s-z_m)}{(s-p_1)(s-p_2)\cdots(s-p_n)}$$

式中，z_1，z_2，…，z_m 为系统的零点；p_1，p_2，…，p_n 为系统的极点；K 为系统的总增益。那么对应的增益向量为 $\boldsymbol{k}$，零点向量 $\boldsymbol{z}=[z_1, z_2, \cdots, z_m]$，极点向量 $\boldsymbol{p}=[p_1, p_2, \cdots, p_n]$。

【范例 3-9】 控制系统的传递函数为 $G(s)=\dfrac{5(s+1)}{(s+2)(s+3)}$，那么 $\boldsymbol{k}=[5]$，$\boldsymbol{z}=[-1]$，$\boldsymbol{p}=[-2, -3]$，用零极点形式模型模块构造更方便，打开其模块参数设置窗口，在“Gain”文本框中输入系统增益[5]，“Zeros”文本框中输入[-1]，“Poles”文本框中输入[-2、-3]，即可完成该线性系统的模块建立，如图 3-7 所示。

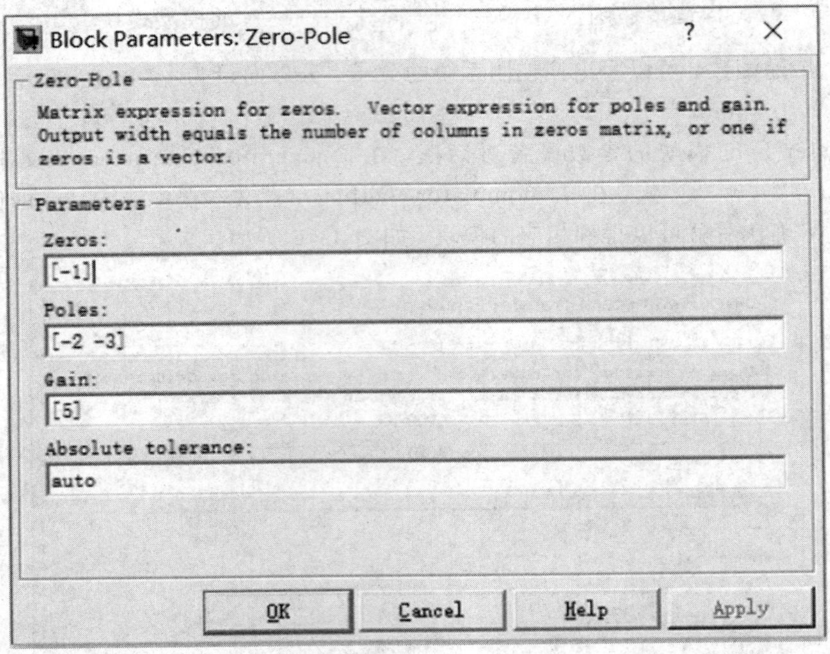

Block Parameters: Zero-Pole

Zero-Pole

Matrix expression for zeros. Vector expression for poles and gain. Output width equals the number of columns in zeros matrix, or one if zeros is a vector.

Parameters

Zeros:

[-1]

Poles:

[-2 -3]

Gain:

[5]

Absolute tolerance:

auto

OK　Cancel　Help　Apply

图 3-7　零极点形式模型模块参数设置

3. 指定时间延迟模块 Transport Delay

在指定时间延迟模块的参数设置对话框中，在“Time delay”文本框中输入延迟的时间即可，注意时间单位为秒(s)，如图 3-8 所示。

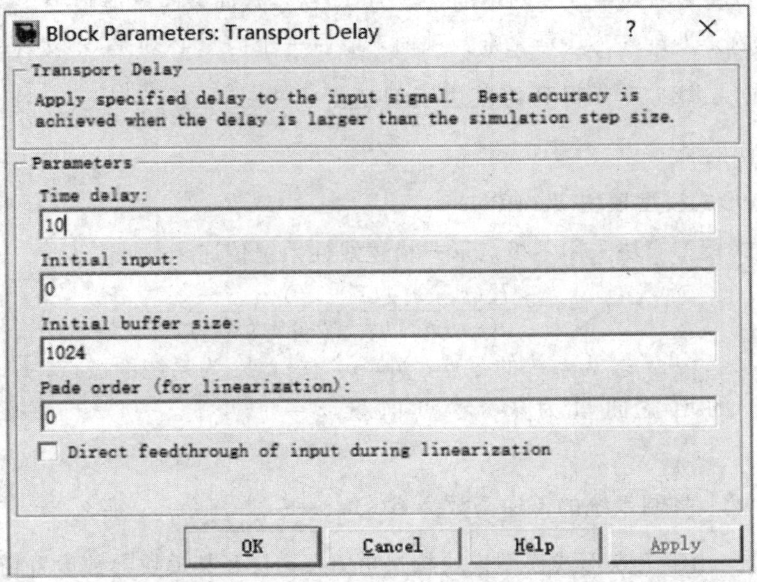

Block Parameters: Transport Delay

Transport Delay

Apply specified delay to the input signal. Best accuracy is achieved when the delay is larger than the simulation step size.

Parameters

Time delay:

10

Initial input:

0

Initial buffer size:

1024

Pade order (for linearization):

0

☐ Direct feedthrough of input during linearization

OK　Cancel　Help　Apply

图 3-8　指定时间延迟模块参数设置

4. 计算代数和模块 Sum

在计算代数和模块的参数设置对话框中，“Icon Shape”表示模块的形状，如“round”表示是圆形的；“List of signs”表示求和信号的极性列表。若文本框的字符为“| ＋ －”，则表示两个信号求差，且模块左边输入端信号的极性为“＋”，模块下边输入端信号的极性为“－”。若文本框的字符为“＋ | ＋ | －”，则表示模块有三个输入端，且位置平均分布，模块上边的输入端信号为第一极性“＋”，模块左边输入端信号为第二极性“＋”，模块下边输入端信号为第三极性“－”，如图 3－9 所示。

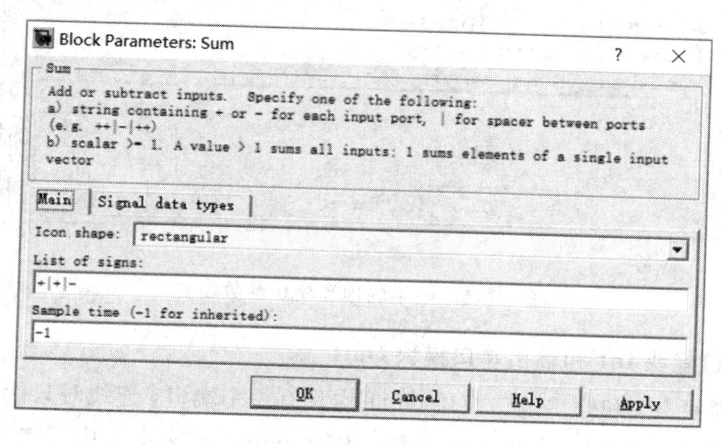

图 3－9　计算代数和模块参数设置

5. 常量输入模块 Constant 和增益模块 Gain

对于这两个模块的参数均可以直接输入确定值，如图 3－10 所示。区别在于：常量输入模块只能作为输入信号源，只有输出端口，没有输入端口；而增益模块是数学运算模块，常用作信号的倍数增益，既有输出端口，也有输入端口。

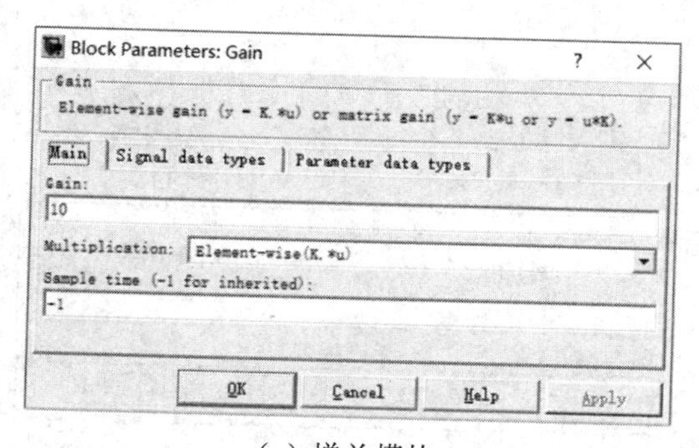

(a) 增益模块

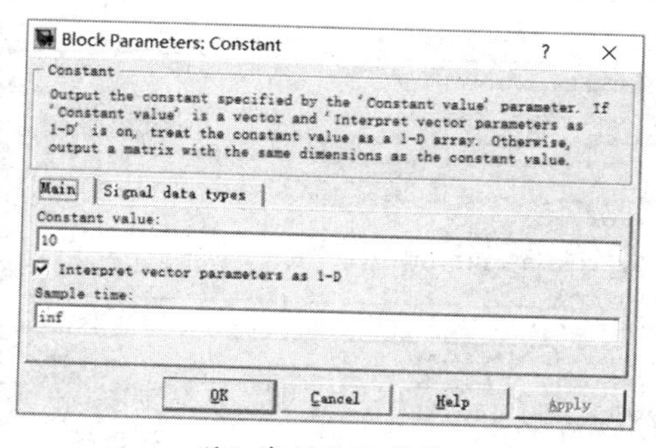

(b) 常量输入模块

图 3－10　增益模块和常量输入模块参数设置

6. 限幅的饱和模块 Saturation

限幅的饱和模块中主要有两个参数需要修改，一是“Upper limit”，表示要设定的限幅饱和特性的上限值；二是“Lower limit”，表示要设定的限幅饱和特性的下限值。根据实际需求更改，如图 3－11 所示。

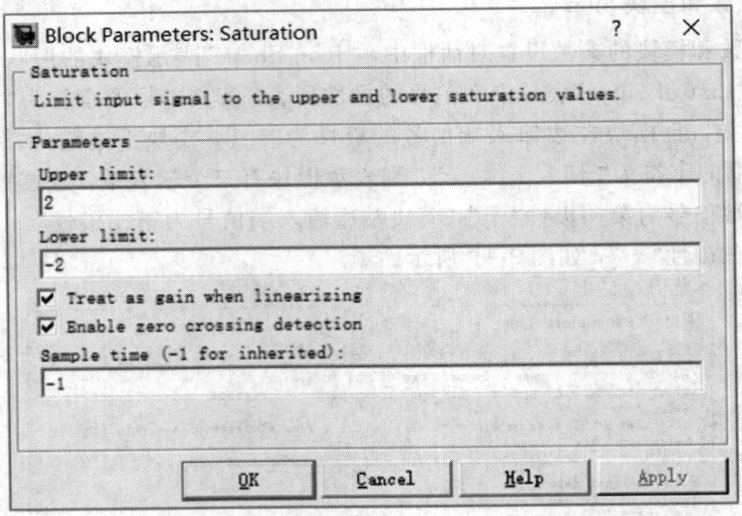

Block Parameters: Saturation

Saturation

Limit input signal to the upper and lower saturation values.

Parameters

Upper limit:

2

Lower limit:

-2

☑ Treat as gain when linearizing

☑ Enable zero crossing detection

Sample time (-1 for inherited):

-1

OK　Cancel　Help　Apply

图 3-11　限幅的饱和模块参数设置

7. 输入端口模块 In1 和输出端口模块 Out1

输入端口模块 In1 和输出端口模块 Out1 均只有一个端口，连线时只能单方向连接。只能设置端口的序号和端口图标的显示形状：“Port number”文本框中可更改端口的顺序数字，“Icon display”文本框中可选择端口的显示方式，如图 3-12 所示。

8. 阶跃信号源模块 Step

阶跃信号源模块中有三个参数必须设置，如图 3-13 所示。“Step time”文本框中设置阶跃信号的起始时间点；“Initial value”文本框中设置阶跃信号的初始值；“Final value”文本框中设置阶跃信号的终值。

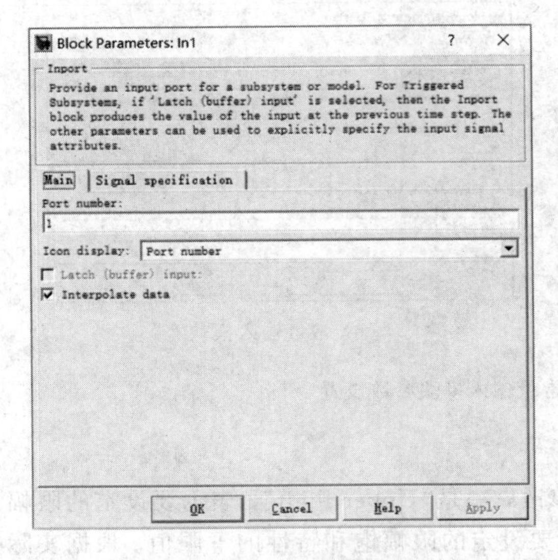

图 3-12　输入端口模块参数设置

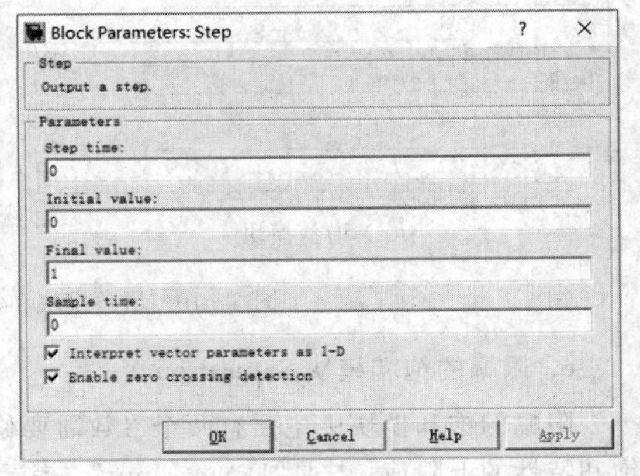

图 3-13　阶跃信号源模块参数设置

9. 斜坡信号源输入模块 Ramp

斜坡信号源输入模块中有三个参数必须设置，如图 3-14 所示。“Slope”文本框中设置斜坡信号的斜率；“Start time”文本框中设置斜坡信号开始的时间；“Initial output”文本框中设置斜坡信号起始点的初始值。

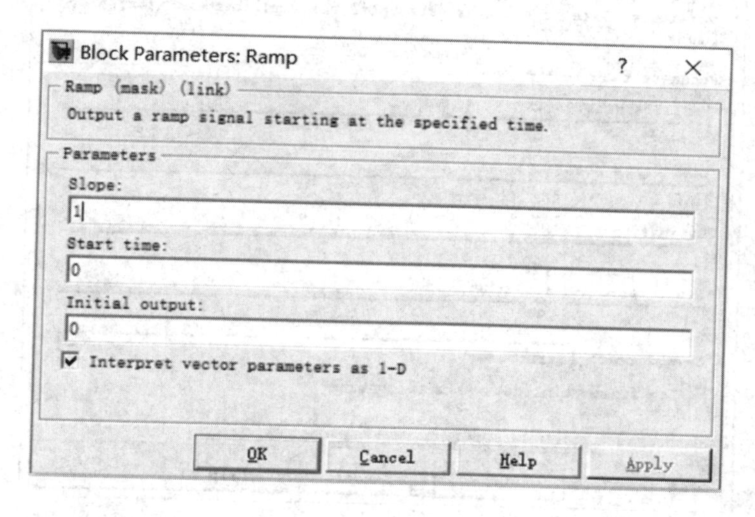

图 3-14 斜坡信号源输入模块参数设置

10. 输出模块(信宿模块)

数值显示模块 Display：显示输出值，以仿真终值显示。双击该模块，可设置显示数值格式。“Format”用来设置显示数据的抽选频率；“Decimation”用来设置显示采样时间间隔，1 为每点都显示，n 为隔(n－1)点显示一次，－1 为忽略采样时间间隔，如图 3-15 所示。

X-Y 示波器模块 XY Graph：利用 MATLAB 图形窗口显示 X-Y 二维曲线，横、纵坐标均可设置，有两个输入端口，如图 3-16 所示。

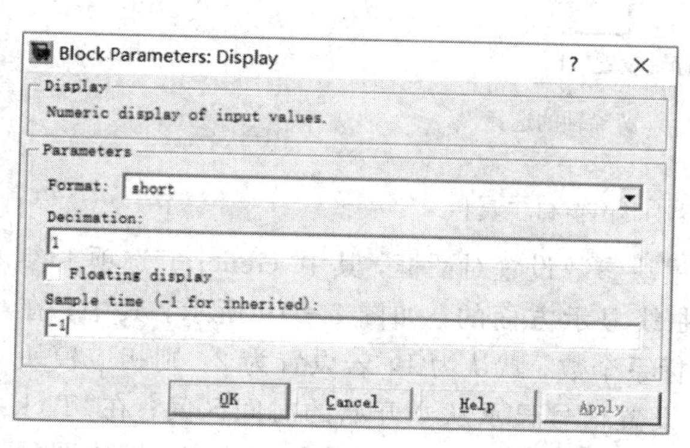

图 3-15 数值显示模块参数设置

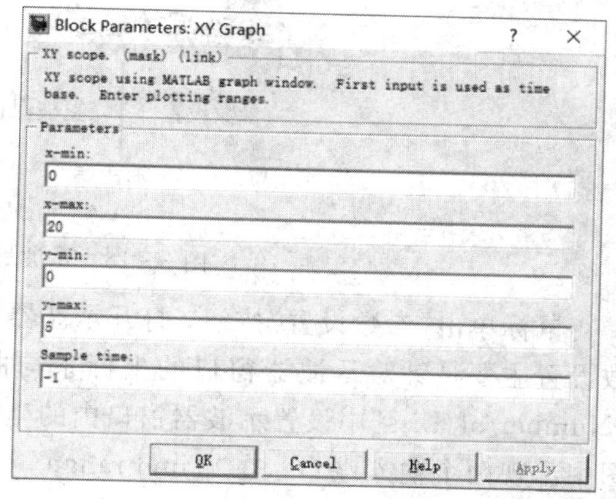

图 3-16 XY Graph 模块参数设置

写入工作空间模块 To Workspace：将输出数据用一个名为“simout”的变量，以矩阵形式写入工作空间保存，以列方式保存时间或信号序列，可设置存储的最大数据点数。若设为 inf，则可保存全部数据，如图 3－17 所示。

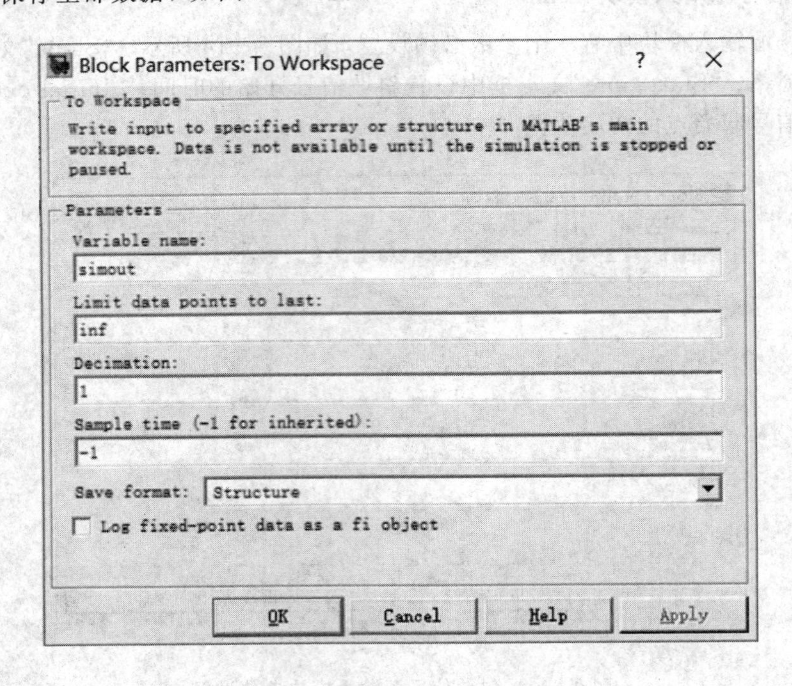

图 3－17　写入工作空间模块参数设置

示波器模块 Scope：显示仿真实时信号，双击后出现波形图窗口，在该窗口中可以读取数据。其工具栏按钮的功能如图 3－18 所示。

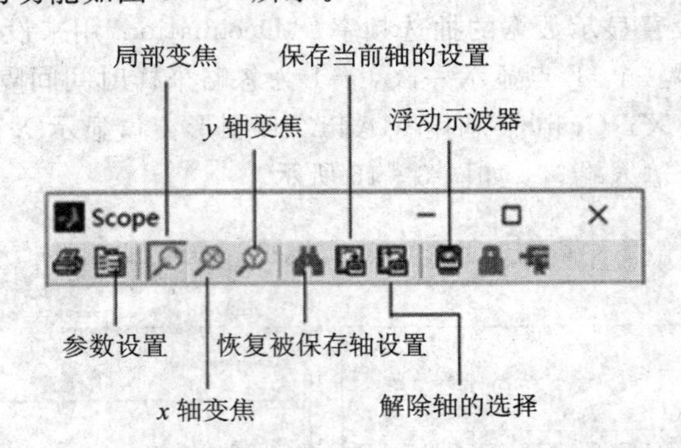

图 3－18　示波器波形图窗口工具栏

鼠标单击“参数设置”按钮，打开示波器模块参数设置对话框，其中“General”选项卡参数设置主要是针对示波器窗口的坐标系与曲线显示方面的，如图 3－19 所示。其中，在“Number of axes”中设置示波器窗口内的坐标系个数，默认为 1，若设置为 2，则相应模块图中出现两个输入端口；在“Time range”中设置信号显示从 0 开始的时间区间；在“Tick labels”中设置坐标系标注标识；“floating scope”被选中表示示波器为游离状态，模块图的输入端会与系统断开；“Sampling”与其他模块设置相同。

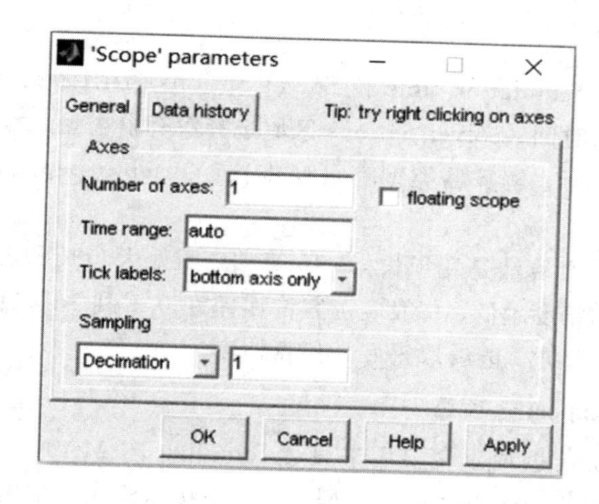

图 3 - 19　示波器模块参数设置

3.3.6　Simulink 仿真参数设置

构建好一个系统模型后，就可以运行，观察仿真结果。运行一个仿真的完整过程分成三个步骤：设置仿真参数、启动仿真和仿真结果分析。

在模型窗的主菜单中选择“Simulink”菜单下的“Configuration Parameters”命令，就会弹出如图 3 - 20 所示的仿真参数设置对话框。一般设置 Solver、Data Import/Export、Diagnostics 三个选项页面的仿真参数即可。

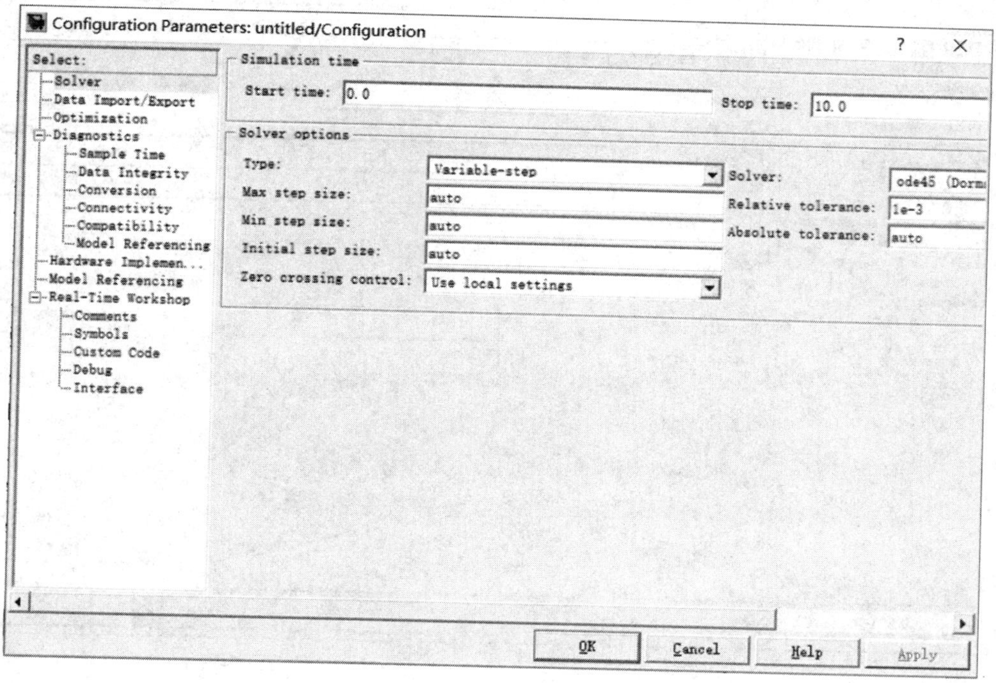

Configuration Parameters: untitled/Configuration
Select: Solver, Data Import/Export, Optimization, Diagnostics (Sample Time, Data Integrity, Conversion, Connectivity, Compatibility, Model Referencing), Hardware Implemen..., Model Referencing, Real-Time Workshop (Comments, Symbols, Custom Code, Debug, Interface)
Simulation time — Start time: 0.0　Stop time: 10.0
Solver options — Type: Variable-step　Solver: ode45 (Dorm
Max step size: auto　Relative tolerance: 1e-3
Min step size: auto　Absolute tolerance: auto
Initial step size: auto
Zero crossing control: Use local settings
OK　Cancel　Help　Apply

图 3 - 20　仿真参数 Solver 选项页设置

1. Solver 选项页

Solver 选项页分成 Simulation time 和 Solver options 两个区域。Simulation time 区域设置仿真的起始和结束时间；Solver options 区域选择解算器类型、解算器仿真步长及仿真容差等，如图 3－20 所示。解算器类型有可变步长(Variable-step)和固定步长(Fix-step)两种。

Simulink 的默认仿真算法是变步长 ode45 算法。用最大步长和容许误差来确定步长。容许误差越大，仿真的精度越低，一般应选容许误差在 0.1 到 $1e^{-6}$ (10^{-6})之间。最大步长足够小，可避免算法不稳定，能够取得好的仿真精度。

2. Data Import/Export 选项页

Data Import/Export 选项页主要用来设置 Simulink 与 MATLAB 工作空间交换数值的有关选项，可以从当前工作空间输入数据、初始化状态模块并把仿真结果保存到当前空间，如图 3－21 所示。其作用是管理模型从 MATLAB 工作空间的输入和对它的输出。"Load from workspace"栏可以从 MATLAB 的工作空间获取数据输入到模型的输入模块(In1)。"Save to workspace"栏可以把仿真结果保存到工作空间。"Save options"栏与"Save to Workspace"栏配合使用，复选框"Limit data points to last"可以限定可存取的行数，默认值为 1000，即保留 1000 组最新的数据，若实际计算出来的数据量大大超过选择的值时，

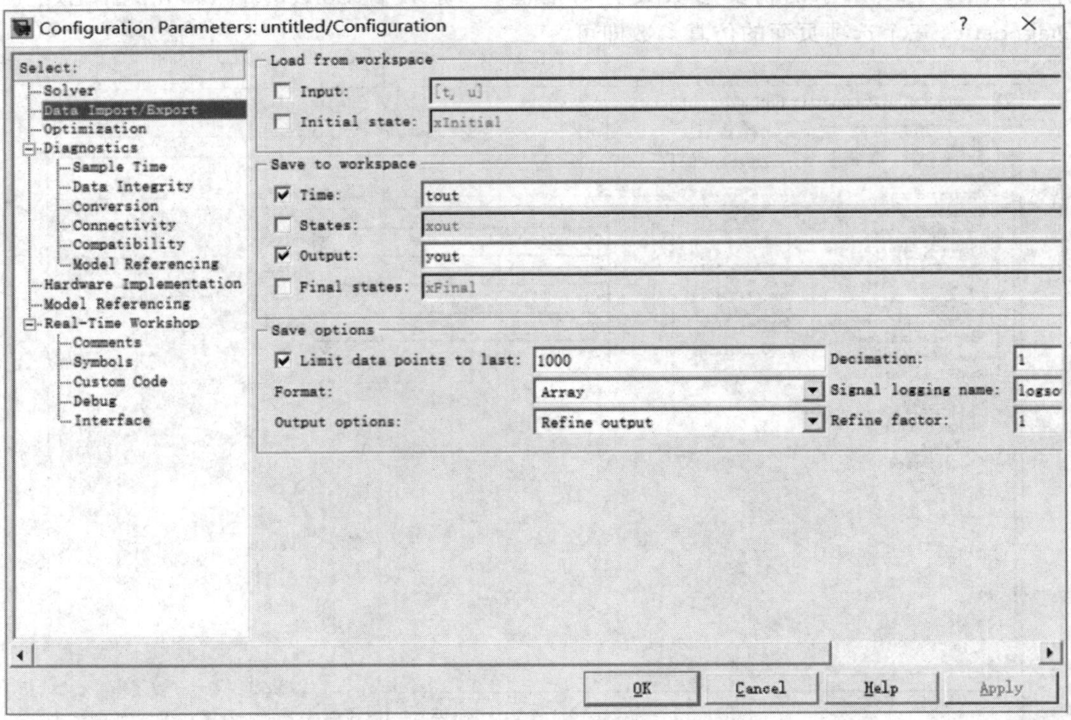

图 3－21 Data Import/Export 选项页设置

在 MATLAB 工作空间中将只保留 1000 组最新的数据；“Decimation”文本框设置降频程度系数，默认值为 1 表示每一个点都返回状态与输出值，如果值设定为 2，则每间隔两个点返回状态与输出值；“Format”下拉列表提供数值(Array)、构架(Structure)和带时间的构架(Struc ture with time)3 种保存数据格式。

3. Diagnostics 选项页

仿真中异常情况的诊断(Diagnostics)选项页允许用户选择 Simulink 在仿真中显示的警告信息等级。它分成仿真选项和配置选项：仿真选项主要包括是否进行一致性检验、是否禁止复用缓存等；配置选项主要列举一些常用的事件类型及其处理选项。

除了上述三个主要选项页外，仿真参数设置窗还包括实时工作空间(Real-time workspace)选项页，主要用于与 C 语言编辑器的交换，通过它可以直接从 Simulink 模型生成代码并且自动建立可以在不同环境下运行的程序。

3.3.7　用 Simulink 建立系统模型并仿真范例

PID 控制器是最早发展起来的控制策略之一，这种控制结构简单，在实际应用中易于整定，因此在工业过程控制中有着广泛的应用。下面以数字增量式 PID 控制器为范例，使用 Simulink 建立其仿真模型。

数字 PID 控制器的表达式为

$$u_k = K_p e_k + K_i T \sum_{m=0}^{k} e_m + \frac{K_d}{T}(e_k - e_{k-1})$$

计算 $u_k - u_{k-1}$，可以得出数字增量式 PID 控制器的表达式为

$$\begin{aligned} u_k - u_{k-1} &= K_p(e_k - e_{k-1}) + K_i T e_k + K_d(e_{k+1} + e_{k-1} - 2e_k) \\ &= \Delta u_k \end{aligned}$$

该控制策略中积分部分没有采用累加的形式，而是由前一个时刻的值叠加而成。因此，根据这个表达式可以建立如图 3-22 所示的结构模型。

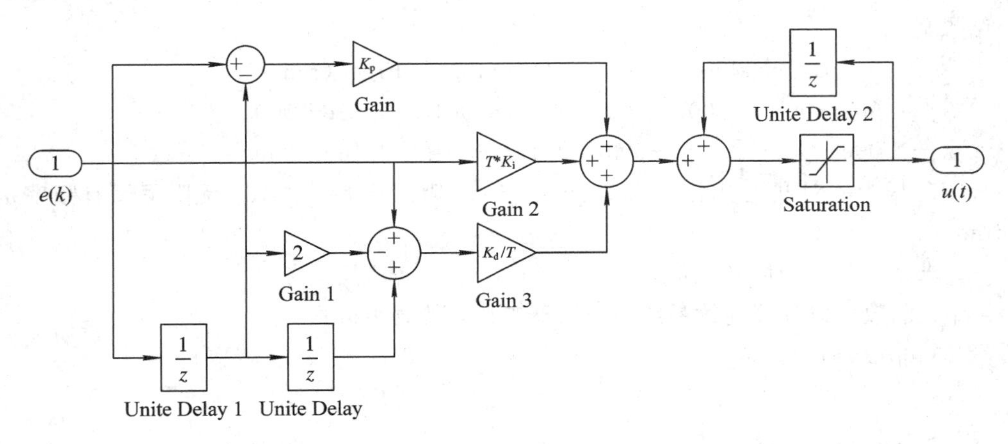

图 3-22　PID 控制器的 Simulink 结构模型

3.4 MATLAB 在控制系统中的应用

3.4.1 利用 MATLAB 进行时域分析

1. 基于 MATLAB 控制系统的单位阶跃响应分析

1) 实验目的

(1) 学会使用 MATLAB 编程绘制控制系统的单位阶跃响应曲线。

(2) 研究二阶控制系统中 ζ, ω_n 对系统阶跃响应的影响。

(3) 掌握准确读取动态特性指标的方法。

(4) 分析二阶系统闭环极点和闭环零点对系统动态性能的影响。

2) 实验内容

已知二阶控制系统

$$\Phi(s)=\frac{10}{s^2+2s+10}$$

(1) 求该系统的特征根。

若已知系统的特征多项式 $D(s)$，利用 roots()函数可以求其特征根。若已知系统的传递函数，利用 eig()函数可以直接求出系统的特征根。两函数计算的结果完全相同。

```
num=10; den=[1 2 10]; roots(den)
sys=tf(num, den); eig(sys)
```

可得到系统的特征根为－1.0000＋3.0000i 和－1.0000－3.0000i。

(2) 求系统的闭环根、ζ 和 ω_n。

函数 damp()可以计算出系统的闭环根、ζ 和 ω_n。

```
den=[1 2 10];
damp(den)
```

结果显示：

```
        Eigenvalue                 Damping       Freq. (rad/s)
-1.00e+000+3.00e+000i     3.16e-001     3.16e+000
-1.00e+000-3.00e+000i     3.16e-001     3.16e+000
```

即系统闭环根为一对共轭复根－1＋j3 与－1－j3，阻尼比 $\zeta=0.316$，无阻尼固有频率 $\omega_n=3.16$rad/s。

(3) 求系统的单位阶跃响应。

step()函数可以计算连续系统单位阶跃响应，其调用格式为

```
step(sys)
```

或

```
step(sys, t)
```

或

```
step(num, den)
```

函数在当前图形窗口中直接绘制出系统的单位阶跃响应曲线，对象 sys 可以是 tf()，

zpk()函数中任何一个建立的系统模型。第二种格式中的 t 可以指定一个仿真终止时间，可以设置为一个时间矢量(如 t=0：dt：*T*final，即 dt 是步长，*T*final 是终止时刻)。

【范例 3-10】 若已知单位负反馈前向通道的传递函数为

$$G(s) = \frac{100}{s^2 + 5s}$$

试做出其单位阶跃响应曲线，准确读出其动态性能指标，并记录数据。

【解】 ① 作单位阶跃响应曲线 MATLAB 参考程序 graph1. m 如下：

```
sys=tf(100, [1 5 0]);
sysc=feedback(sys, 1);
step(sysc)
```

或

```
graph3. m:
num=[100]; den=[1 5 0];
[numc, denc]=cloop(num, den);
t=0: 0.01: 2.5;
step(numc, denc, t)
```

运行该程序，可得到系统的单位阶跃响应曲线，如图 3-23 所示。

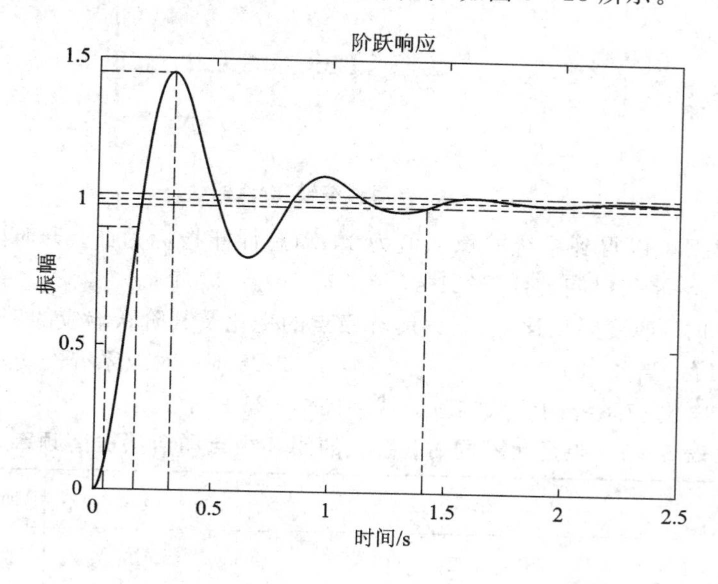

图 3-23 系统的单位阶跃响应曲线

② 从图中准确读出系统动态性能指标，并记录数据。

用鼠标在曲线上单击相应的点，读出该点的坐标值，然后根据二阶系统动态性能指标的含义，计算出动态性能指标的值。另一种方法是启用软件自动标记数据功能，操作如下：

在单位阶跃响应曲线图中，利用快捷菜单中的命令，可以在曲线对应的位置自动显示动态性能指标的值。在曲线图中空白区域，单击鼠标右键，在快捷菜单中选择“Character”命令，可以显示动态性能指标峰值 C_p(“Peak Response”)、调节时间 t_s(“Setting Time”)、上升时间 t_r(“Rise Time”)和稳态值“Steady State”，将它们全部选中后，曲线图上就在四个位置出现了相应的点，用鼠标单击后，相应性能值就显示出来。

系统默认显示误差带为2%时的调节时间，若要显示误差带为5%时的调节时间，可以单击鼠标右键，在出现的快捷菜单中选择“Properties”命令，弹出属性编辑对话框，如图3-24所示。在“Option”选项卡的“Show setting time within”文本框中，可以设置调节时间的误差带2%或5%。注意：键盘输入数字后必须回车确认才生效。

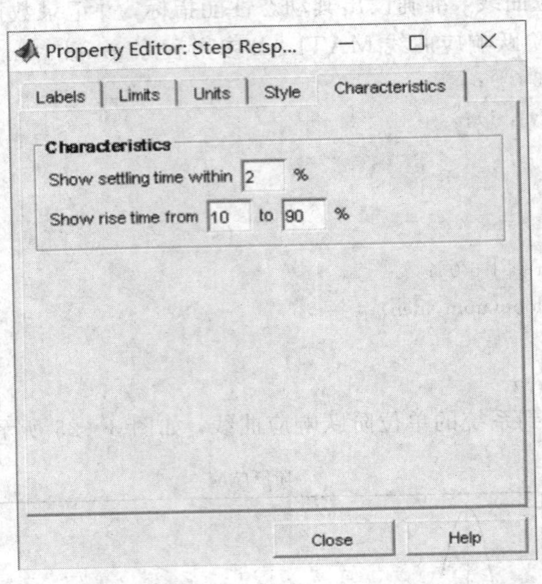

图3-24　“属性编辑”对话框

从图中的数据可以得到系统的稳态值为1，动态性能指标为：上升时间 $t_r=0.127$ s，超调量 $M_p=44\%$，峰值时间 $t_p=0.321$ s，调节时间 $t_s=1.41$ s。

(4) ω_n 不变时，改变阻尼比 ζ，观察闭环极点的变化及其阶跃响应的变化。

【范例3-11】 当 $\zeta=0$，0.25，0.5，0.75，1，1.25时，对应系统的闭环极点和自然振荡频率见表3-3，对应系统的阶跃响应曲线如图3-25所示。

表3-3　阻尼比不同时，系统的闭环极点和自然振荡频率

ξ	闭环极点	ω_n/(rad/s)	阶跃响应曲线
$\xi=0$	$\pm$j	10	等幅振荡
$\xi=0.25$	$-2.5\pm$j9.68	10	衰减振荡
$\xi=0.5$	$-5\pm$j8.66	10	衰减振荡
$\xi=0.75$	$-7.5\pm$j6.61	10	衰减振荡
$\xi=1$	两个实数重根-10	10	单调上升
$\xi=1.25$	两个不等实数根-5与-20	5与20	单调上升

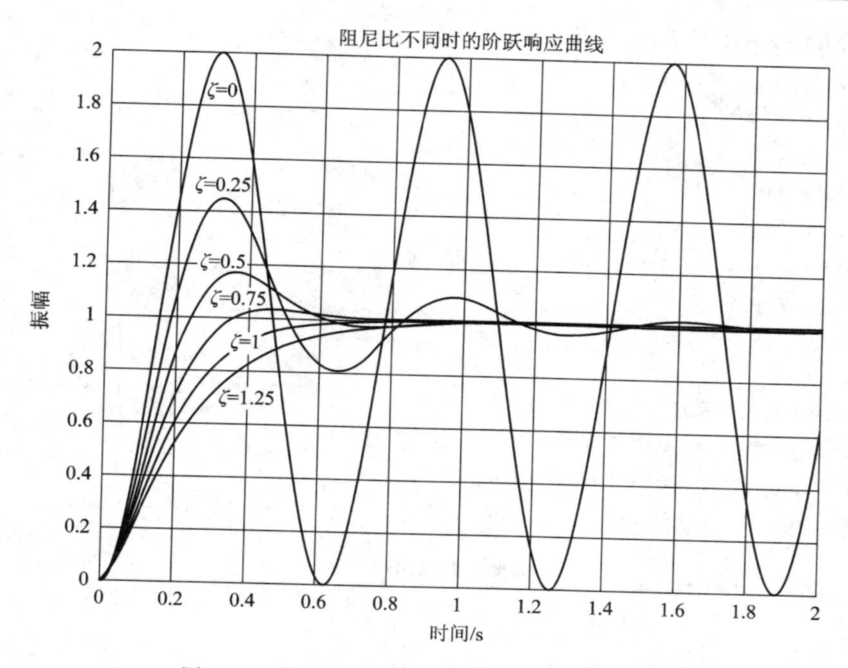

图 3-25　阻尼比不同时，系统的阶跃响应曲线

【解】 MATLAB参考程序 graph2. m 如下：

```
num=100; i=0;
for sigma=0: 0.25: 1.25
    den=[1 2 * sigma * 10 100];
    damp(den)
    sys=tf(num, den);
    i=i+1;
    step(sys, 2)
    hold on
end
grid
hold off
Title('阻尼比不同时的阶跃响应曲线')
lab1= 'ζ=0'; text(0.3, 1.9, lab1),
lab2= 'ζ=0.25'; text(0.3, 1.5, lab2),
lab3= 'ζ=0.5'; text(0.3, 1.2, lab3),
lab4= 'ζ=0.75'; text(0.3, 1.05, lab4),
lab5= 'ζ=1'; text(0.35, 0.9, lab5),
lab6= 'ζ=1.25'; text(0.35, 0.8, lab6),
```

【分析】 可见当 ω_n 一定时，系统随着阻尼比 ζ 的增大，闭环极点的实部在 s 左半平面的位置更加远离原点，虚部减小到0，超调量减小，调节时间缩短，稳定性更好。

(5) 保持 $\zeta=0.25$ 不变，分析 ω_n 变化时，闭环极点对系统单位阶跃响应的影响。

【范例 3-12】 当 $\omega_n=10$，30，50 时，对应系统的阶跃响应曲线如图 3-26 所示。

【解】 MATLAB参考程序graph3. m如下：

```
sgma=0.25; i=0;
for wn=10: 20: 50
num=wn^2; den=[1, 2*sgma*wn, wn^2];
sys=tf(num, den);
i=i+1;
step(sys, 2)
hold on, grid
end
hold off
title('wn变化时系统的阶跃响应曲线')
lab1= 'wn=10'; text(0.35, 1.4, lab1),
lab2= 'wn=30'; text(0.12, 1.3, lab2),
lab3= 'wn=50'; text(0.05, 1.2, lab3),
```

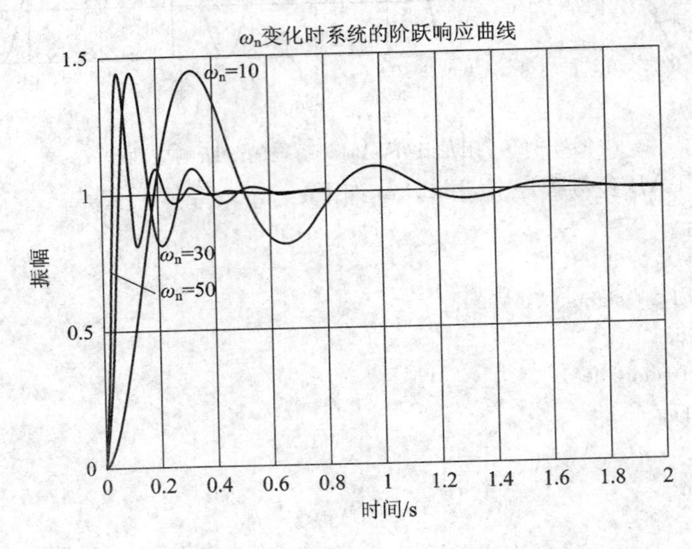

图 3-26 ω_n 变化时系统的阶跃响应曲线

【分析】 可见，当 ζ 一定时，随着 ω_n 增大，系统响应加速，振荡频率增大，系统调整时间缩短，但是超调量没变化。

（6）分析系统零极点对系统阶跃响应的影响。

【自我实践 3-1】 试做出以下系统的阶跃响应，并与原系统

$$G(s)=\frac{10}{s^2+2s+10}$$

的阶跃响应曲线进行比较，做出实验结果分析。

① 系统有零点情况，$z=-5$，传递函数为

$$G_1(s)=\frac{2s+10}{s^2+2s+10}$$

② 分子与分母多项式的阶数相等，即 $n=m=2$，传递函数为

$$G_2(s) = \frac{s^2 + 0.5s + 10}{s^2 + 2s + 10}$$

③ 分子多项式零次项系数为零，传递函数为

$$G_3(s) = \frac{s^2 + 0.5s}{s^2 + 2s + 10}$$

④ 原系统的微分响应，微分系数为 1/10，传递函数为

$$G_4(s) = \frac{s}{s^2 + 2s + 10}$$

(7) 观察系统在任意输入激励下的响应。

在 MATLAB 中，函数 lsim() 可以求出系统的任意输入激励的响应。常用格式为 lsim (sys，u，t)、lsim (sysl，sys2，…，sysn，u，t)、[y，t]=lsim (sys，u，t)，函数中的 u 是输入激励向量，t 必须是向量，且维数与 u 的维数相同。

【范例 3-13】 当输入信号为 $u(t)=5+2t+8t^2$ 时，求系统

$$G(s) = \frac{10}{s^2 + 2s + 10}$$

的输出响应曲线。

【解】 MATLAB 参考程序 gtaph4. m 如下，系统在任意输入激励下的响应曲线如图 3-27 所示。

```
num=10; den=[1 2 10]; G=tf(num, den);
t=[0: 0.1: 10]; u=5+2*t+8*t^2;
lsim(G, u, t), hold on, plot(t, u, 'r'); grid on;
```

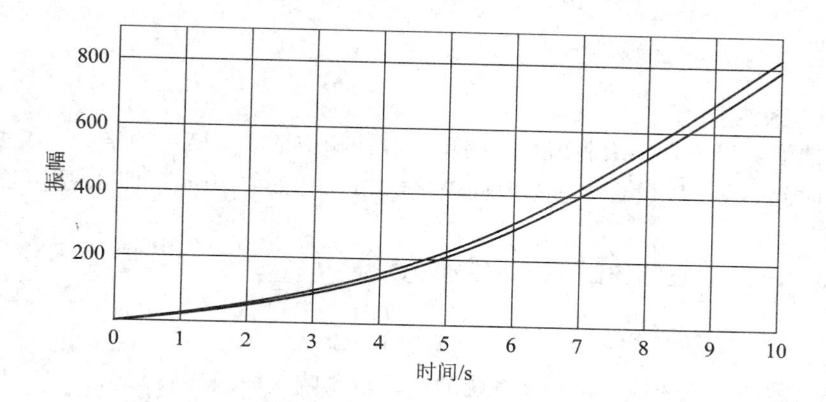

图 3-27　任意输入激励下的响应曲线

3) 实验报告要求

(1) 完成实验内容中的实验，编写程序，记录相关数据并分析，得出结论。

(2) 总结闭环零、极点对系统阶跃响应影响的规律。

4) 拓展自我实践

(1) 已知系统传递函数为

$$G(s) = \frac{4}{3s + 1}$$

试绘制其阶跃响应曲线，并标注惯性时间常数。

(2) 已知系统的传递函数为

$$\Phi(s)=\frac{2s}{s^2+3s+25}$$

试绘制其在 5 s 内的单位阶跃响应，并测出动态性能指标。

(3) 已知系统的开环传递函数为

$$G(s)=\frac{100}{s^2+3s}$$

试绘制单位负反馈闭环系统的单位阶跃响应，并测出动态性能指标。

(4) 当输入信号为 $u(t)=1(t)+t*1(t)$ 时，求系统

$$G(s)=\frac{(s+1)(s+5)}{(s+2)(s^2+s+1)}$$

的输出响应曲线，并测出动态性能指标。

2. 基于 MATLAB 控制系统的单位脉冲响应分析

1) 实验目的

(1) 学会使用 MATLAB 编程绘制控制系统的单位脉冲响应曲线。

(2) 学习分析系统脉冲响应的一般规律。

(3) 掌握系统阻尼 ζ 对脉冲响应的影响。

2) 实验内容

(1) 求系统的单位脉冲响应。

impulse( )函数可以计算连续系统单位脉冲响应，其调用格式为

```
impulse(num, den)
```

或

```
impulse(sys, t)
```

函数在当前图形窗口中直接绘制出系统的单位脉冲响应曲线。第二种格式中 t 可以指定一个仿真终止时间，也可以设置为一个时间矢量(如 t=0：dt：Tfinal，即 dt 是步长，Tfi-nal 是终止时刻)。

【范例 3-14】 若已知控制系统的传递函数为

$$\Phi(s)=\frac{100}{s^2+5s+100}$$

试作出其单位脉冲响应曲线，并与该系统的单位阶跃响应曲线比较。

【解】 MATLAB 参考程序 graph5. m 如下：

```
num=[100]; den=[1 5 100];
sys=tf(num, den)
impulse (sys, 2)
hold on
Step(sys, 2)
hold off
title('系统单位脉冲响应曲线与其单位阶跃响应曲线比较')
lab1='单位脉冲响应曲线'; text (0.2, 6, labl),
lab2='单位阶跃响应曲线'; text (0.3, 1.6, lab2)
```

系统单位脉冲响应曲线与其单位阶跃响应曲线比较如图 3 - 28 所示。

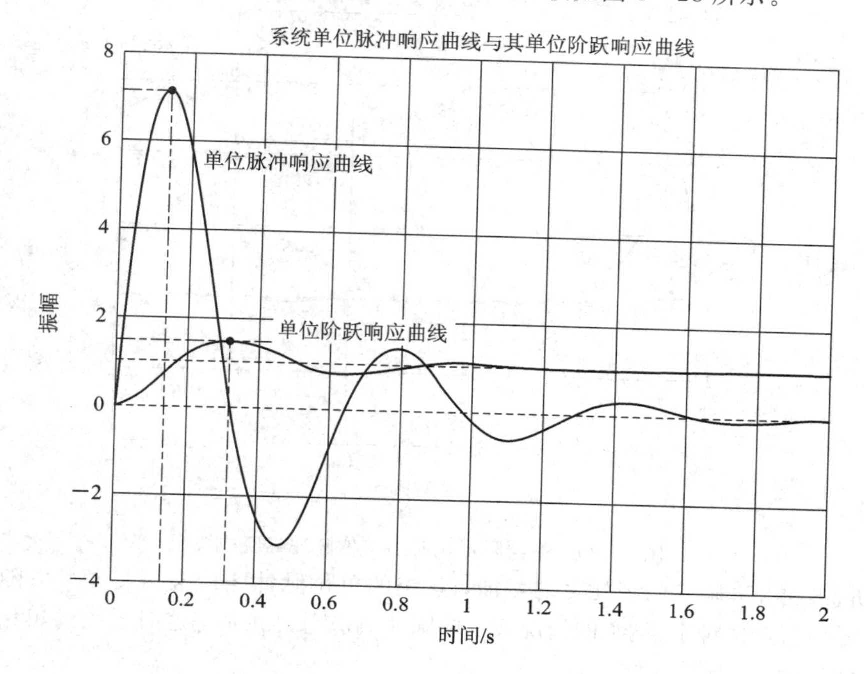

图 3 - 28　系统单位脉冲响应曲线与其单位阶跃响应曲线比较

【分析】　可见，单位脉冲响应曲线与时间轴第一次相交对应的时间必是峰值时间 $t_p=0.32$ s，而从 $t=0$ 到 $t=t_p$ 这段时间与时间轴所包围的面积将等于 $1+M_p$，并且单位脉冲响应曲线与时间轴包围的面积代数和等于 1。这是由于单位脉冲响应是单位阶跃响应的导数的缘故。

(2) 分析系统阻尼 ζ 对脉冲响应的影响。

【范例 3 - 15】　保持范例 3 - 14 中的系统不变，修改参数 ζ，分别实现 $\zeta=0.25$，$\zeta=1$，$\zeta=2$ 的单位脉冲响应曲线，观察结果做出结论。

【解】　MATLAB 参考程序 graph6. m 如下：

```
num0=[100]; den0=[1 5 100];
impulse(num0, den0)
hold on; grid
num1=[100]; den1=[1 20 100];
impulse(num1, den1)
num2=[10]; den2=[1 40 100];
impulse(num2, den2)
hold off
title('不同阻尼比时的单位脉冲响应曲')
lab1='ζ=0.25'; text(0.1, 6, lab1),
lab2='ζ=1'; text(0.1, 4, lab2),
lab3='ζ=2'; text(0.1, 0.4, lab3)
```

不同阻尼比时单位脉冲响应曲线如图 3 - 29 所示。

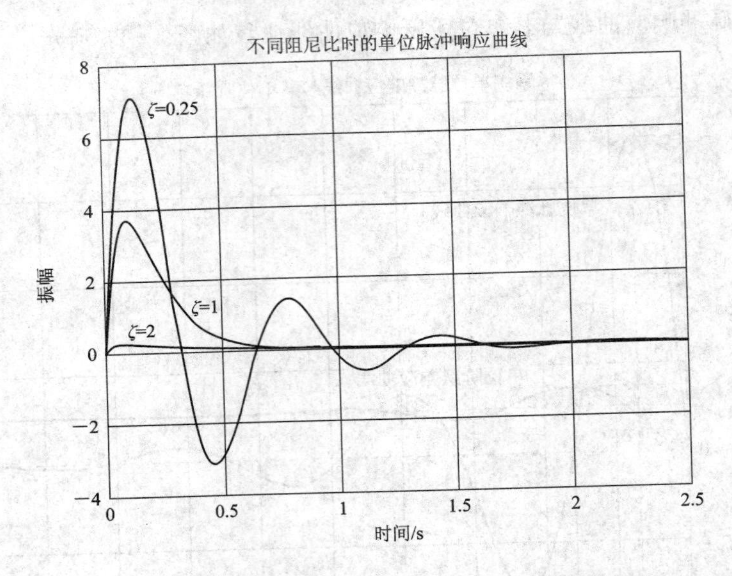

图 3-29　不同阻尼比时的单位脉冲响应曲线

【分析】 可见，随着阻尼比 ζ 的增加，系统的单位脉冲响应衰减得很快，随时间增加逐渐趋于零值。并且对于 $\zeta\geqslant1$ 的情况，单位脉冲响应总是正值。这时系统的单位阶跃响应必是单调增长的。

【自我实践 3-2】 做一个三阶系统的单位脉冲响应，并通过增加闭环零点，分析其对脉冲响应的影响。

3）实验报告要求

（1）完成实验内容中的实验，编写程序，记录相关数据并分析得出结论。

（2）总结系统阻尼 ζ 对脉冲响应的影响。

（3）总结闭环零极点对系统脉冲响应影响的规律。

4）拓展自我实践

试做出以下系统的脉冲响应，并与原系统

$$G(s)=\frac{10}{s^2+2s+10}$$

脉冲响应曲线进行比较，分析实验结果。

（1）系统有零点情况，$z=-5$，传递函数为

$$G(s)=\frac{2s+10}{s^2+2s+10}$$

（2）分子与分母的多项式阶数相等，即 $n=m=2$，传递函数为

$$G(s)=\frac{s^2+0.5s+10}{s^2+2s+10}$$

3.4.2　利用 MATLAB 进行频域分析

1. 基于 MATLAB 控制系统的 Nyquist 图绘制及其稳定性分析

1）实验目的

（1）熟练掌握使用 MATLAB 命令绘制控制系统 Nyquist 图的方法。

(2) 能够分析控制系统 Nyquist 图的基本规律。

(3) 加深理解控制系统 Nyquist 稳定性判据的实际应用。

(4) 学会利用 Nyquist 图设计控制系统。

2) 实验原理

(1) 幅相频率特性曲线：以角频率 ω 为参变量，当 ω 从 $0\to\infty$ 变化时，频率特性构成的向量在复平面上描绘出的曲线称为幅相频率特性曲线，又称极坐标图或幅相曲线，也称为 Nyquist 曲线，简称奈氏(Nyquist)图。

(2) 对数幅相曲线：又称尼科尔斯曲线或尼科尔斯图，其特点是：纵坐标为 $L(\omega)$，单位是分贝(dB)，横坐标是 $\varphi(\omega)$，单位为(°)，均按线性分度，以角频率 ω 为参变量。在尼科尔斯曲线对应的坐标系中，可以绘制关于闭环幅频特性的等 M 簇线和闭环相频特性的等 α 簇线。

(3) Nyquist 稳定性判据(又称奈氏判据)：Nyquist 稳定性判据是利用系统开环频率特性来判断闭环系统稳定性的一个判据，便于研究系统结构参数改变对系统稳定性的影响。其内容是：反馈控制系统稳定的充分必要条件是当 ω 从 $-\infty$ 变到 $+\infty$ 时，开环系统的 Nyquist 曲线 $G(j\omega_g)H(j\omega_g)$ 不穿过(−1，j0)点，且逆时针包围临界点(−1，j0)的圈 R 等于开环传递函数的正实部极点数 P。

① 对于开环稳定的系统，闭环系统稳定的充分必要条件是：开环系统的 Nyquist 曲线 $G(j\omega_g)H(j\omega_g)$ 不包围(−1，j0)点。反之，则闭环系统是不稳定的。

② 对于开环不稳定的系统，有 p 个开环极点位于右半 s 平面，则闭环系统稳定的充分必要条件是：当 ω 从 $-\infty$ 到 $+\infty$ 时，开环系统的奈氏曲线 $G(j\omega_g)H(j\omega_g)$ 逆时针包围(−1，j0)点 p 次。

3) 实验内容

(1) 绘制控制系统 Nyquist 图。

给定系统开环传递函数的分子多项式系数 num 和分母多项式系数 den，在 MATLAB 软件中 nyquist()函数用来绘制系统的 Nyquist 曲线，函数调用格式有三种。

格式一：nyquist (num，den)

作 Nyquist 图，角频率向量的范围自动设定，默认 ω 的范围为$(-\infty, +\infty)$。

格式二：nyquist(num，den，w)

作开环系统的 Nyquist 曲线，角频率向量 ω 的范围可以人工给定。ω 为对数等分，用对数等分函数 logspace()完成，其调用格式为：logspace (d1，d2，n)，表示将变量 ω 作对数等分，命令中 d1，d2 为 $10^{d1}\sim10^{d2}$ 之间的变量范围，n 为等分点数。

格式三：[re，im，w]=nyquist (num，den)

返回变量格式不作曲线，其中 re 为频率响应的实部，im 为频率响应的虚部，ω 是频率点。

【范例 3-16】 系统开环传递函数为

$$G(s)=\frac{10}{s^2+2s+10}$$

绘制其 Nyquist 图。

【解】 MATLAB 程序 graph7.m 为

```
num=10; den=[1 2 10];
```

```
w=0: 0.1: 100;                    %给定角频率变量
axis([-1, 1.5, -2, 2]);           %改变坐标显示范围
nyquist(num, den, w)
```

程序运行后，Nyquist 图如图 3-30 所示。

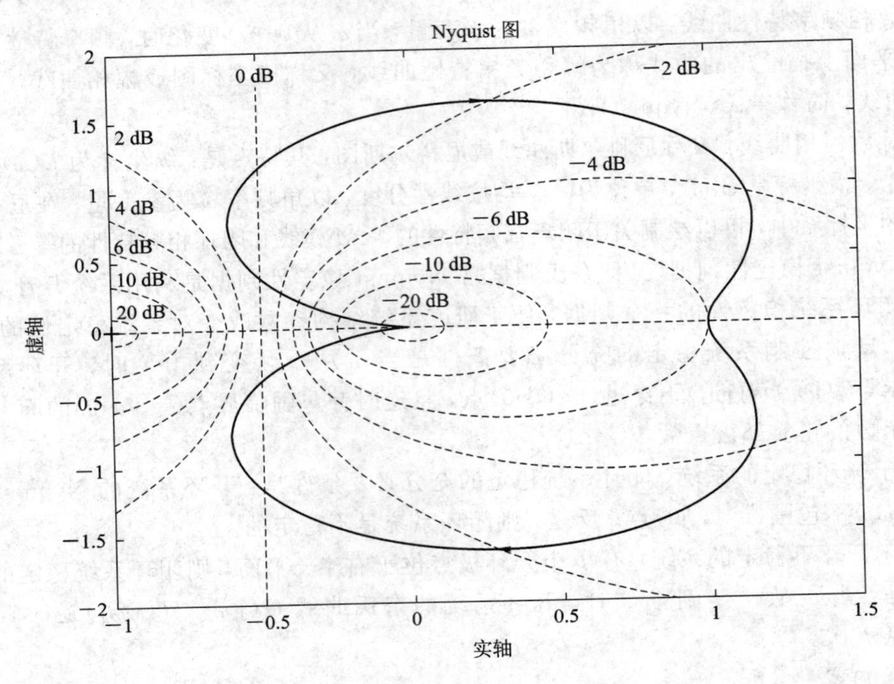

图 3-30　系统 Nyquist 图

注意：如果显示的 Nyquist 曲线只有 ω 范围为(0，+∞)的部分，可以通过改变坐标显示范围或给定角频率变量的范围，绘制出 ω 从−∞变化至零与从零变化至+∞的 Nyquist 曲线。

(2) 根据 Nyquist 曲线判定系统的稳定性。

【范例 3-17】　已知

$$G(s)H(s)=\frac{0.5}{s^3+2s^2+s+0.5}$$

绘制 Nyquist 图，判定系统的稳定性。

【解】　MATLAB 参考程序 graph8.m 如下：

```
num=0.5; den=[1  2  1  0.5];
figure(1);
nyquist(num, den)
```

由于横坐标角频率的范围不够，从图中很难看出 ω 从−∞变化至+∞时的相角，需要通过重新设置坐标范围显示全部范围的曲线。在当前图形 Figure1 窗口中选择“Edit”菜单选项下的命令“Axes Properties”选项，在图形的下方会增加一个坐标设置对话框，如图 3-31 所示。

根据实际需要更改该对话框的参数，使图形完全显示 ω 从−∞变化至+∞时，系统 Nyquist 曲线的形状。

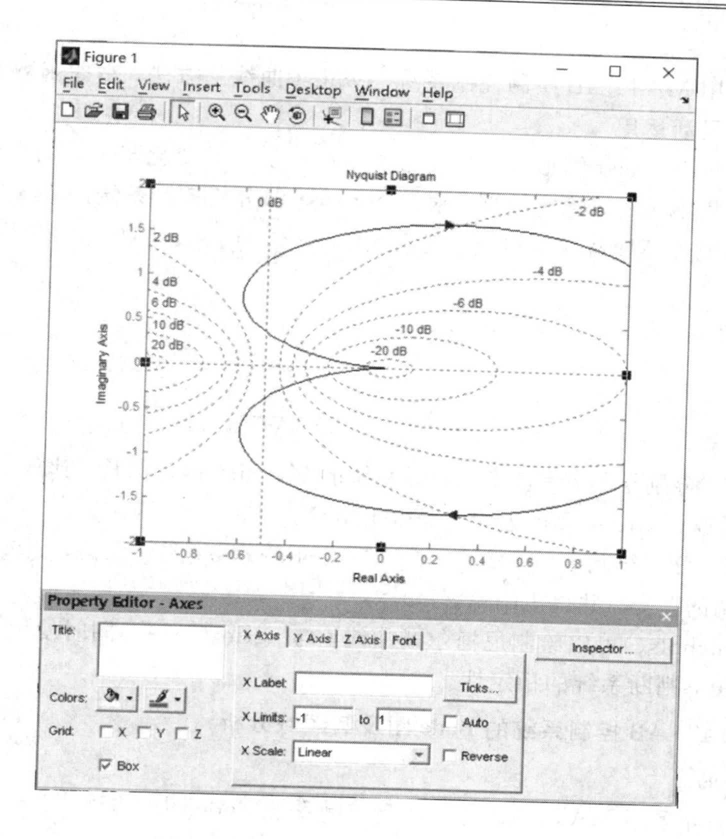

图 3-31　Figure 窗口坐标设置对话框

为了应用 Nyquist 曲线稳定判据对闭环系统判稳，必须知道 $G(s)H(s)$ 不稳定根的个数 p 是否为 0。可以通过求其特征方程的根函数 roots()求得。命令如下：

```
p=[1  2  1  0.5]; roots(p)
```

结果显示，系统有三个特征根：-1.5652，$-0.2174+j0.5217$，$-0.2174-j0.5217$。而且特征根的实部全为负数，都在 s 平面的左半平面，是稳定根，故 $p=0$。

【分析】 由于系统 Nyquist 曲线没有包围且远离$(-1, j0)$点，且 $p=0$，因此系统闭环稳定。

【自我实践 3-3】 已知系统开环传递函数为

$$G(s)=\frac{(T_1 s+1)}{s(T_2 s+1)}$$

要求：分别做出 $T_1>T_2$ 和 $T_1<T_2$ 时的 Nyquist 图。比较两图的区别与特点。如果该系统变成Ⅱ型系统，即

$$G(s)=\frac{(T_1 s+1)}{s^2(T_2 s+1)}$$

情况又发生怎么样的变化？

4）实验数据记录

将各次实验的曲线保存在 Word 软件中，以备写实验报告使用。要求每条曲线注明传递函数，分析后得出实验结论。

5）实验能力要求

（1）熟练使用 MATLAB 绘制控制系统 Nyquist 曲线的方法，掌握函数 nyquist()的三种调用格式，并灵活运用。

（2）学会处理 Nyquist 图形，使曲线完全显示 ω 从 $-\infty$ 变化至 $+\infty$ 的形状。

（3）熟练应用 Nyquist 稳定判据，根据 Nyquist 图分析控制系统的稳定性。

（4）改变系统开环增益或零极点，观察系统 Nyquist 图发生的变化以及其对系统稳定性的影响。

6）拓展与思考

（1）若

$$G(s)H(s)=\frac{k}{s^{v}(s+1)(s+2)}$$

① 令 $v=1$，分别绘制 $k=1$，2，10 时系统的 Nyquist 图并保持，比较分析系统开环增益 k 不同时，系统 Nyquist 图的差异，并得出结论。

② 令 $k=1$，分别绘制 $v=1$，2，3，4 时系统的 Nyquist 图并保持，比较分析 v 不同时，系统 Nyquist 图的差异，并得出结论。

（2）函数 nichols()可以绘制尼柯尔斯曲线，与 ngrid（'new'）同时使用，能够读出系统的闭环谐振峰值，判断系统的稳定性。

2. 基于 MATLAB 控制系统的 Bode 图及其频域分析

1）实验目的

（1）熟练掌握运用 MATLAB 命令绘制控制系统 Bode 图的方法。

（2）了解系统 Bode 图的一般规律及其频域指标的获取方法。

（3）熟练掌握运用 Bode 图分析控制系统稳定性的方法。

2）实验原理

（1）对数频率特性曲线：又称频率特性的对数坐标图或伯德(Bode)图，由两张图组成。一张是对数幅频特性，它的纵坐标为 $20\lg[G(j\omega)]$，单位是分贝(dB)。$20\lg[G(j\omega)]$常用 $L(\omega)$表示。另一张是相频特性图，它的纵坐标为相位，单位为(°)，按线性分度。横坐标都是角频率 ω，采用 $\lg(\omega)$分度(为了在一张图上同时能展示出频率特性的低频和高频部分)，故坐标点 ω 不得为零。1 到 10 的距离等于 10 到 100 的距离，这个距离表示十倍频程，用 dec 表示。

用对数频率特性曲线表示系统频率特性的优点是：

① 幅频特性的乘除运算转变为加减运算。

② 对系统做近似分析时，只需求出对数幅频特性曲线的渐近线，大大简化了图形的绘制。

③ 可以用实验方法将测得的系统(或环节)频率响应 ω 在 $0\to\infty$ 上的数据画在半对数坐标纸上，根据所做出的曲线，估计被测系统的传递函数。

（2）对数稳定判据：对数频率特性曲线是 Nyquist 判据移植于对数频率坐标的结果。若 $G(j\omega)H(j\omega)$包围$(-1, j0)$点，即 $G(j\omega)H(j\omega)$在点$(-1, j0)$左边有交点，在 Bode 图中表现为 $L(\omega)>0$ dB 所在的频段范围内，$\varphi(\omega)$与 $-180°$线有交点。

对数频率稳定性判据：闭环系统稳定的充要条件是当 ω 从 0 变化到 $+\infty$ 时，在开环系统对数幅频特性曲线 $L(\omega)>0$ dB 的频段内，相频特性 $\varphi(\omega)$ 穿越 $(2k+1)\pi(k=0, \pm1, \pm2, \cdots)$ 的次数 N 为 $P/2$。其中 $N=N_{+}-N_{-}$，N_{+} 为正穿越次数，N_{-} 为负穿越次数，P 为开环传递函数的正实部极点数。

(3) 稳定裕度。

① 相角裕度 γ。当开环幅相频率特性曲线(Nyquist 曲线)的幅值为 1 时，其相位角 $\varphi(\omega_c)$ 与 $-180°$(负实轴)的相角差 γ，称为相角裕度 γ。即

$$\gamma=\varphi(\omega_c)-(-180°)=180°+\varphi(\omega_c)$$

式中，ω_c 为 Nyquist 曲线与单位圆相交点的频率，称为幅值穿越频率或剪切频率。当 $\omega=\omega_c$ 时，有 $|G(j\omega_c)H(j\omega_c)|=1$。

相角裕度的含义是，对于闭环稳定系统，如果开环相频特性再滞后 γ 度，则系统将变为临界稳定。当 $\gamma>0$ 时，相位裕度为正，闭环系统稳定；当 $\gamma=0$ 时，表示 Nyquist 曲线恰好通过 $(-1, j0)$ 点，系统处于临界稳定状态；当 $\gamma<0$ 时，相角裕度为负，闭环系统不稳定。

② 增益裕度 K_g。增益裕度 K_g 定义为 Nyquist 曲线与负实轴相交处的幅值的倒数。即

$$K_g=\frac{1}{|G(j\omega_g)H(j\omega_g)|}$$

式中，ω_g 为 Nyquist 曲线与负实轴相交处的频率，称为相位穿越频率，又称为相角交界频率。当 $\omega=\omega_g$ 时，有 $\angle G(j\omega)H(j\omega)\pi$；$k=0, \pm1, \cdots$

对数坐标下，增益裕度定义为：$20\lg K_g(\text{dB})=-20\lg|G(j\omega_g)H(j\omega_g)|(\text{dB})$

增益裕度 K_g 的含义是，对于闭环稳定系统，如果系统开环幅频特性再增大 K_g，则系统将变为临界稳定状态。当 $K_g>1$，即 $20\lg K_g(\text{dB})>0$ 时，闭环系统稳定；当 $K_g=1$ 时，系统处于临界稳定状态；当 $K_g<1$，即 $20\lg K_g(\text{dB})<0$ 时，闭环系统不稳定。

对于稳定的最小相位系统，增益裕度指出了系统在不稳定之前，增益能够增大多少。对于不稳定系统，增益裕度指出了为使系统稳定，增益应当减少多少。

一阶或二阶系统的幅值裕度为无穷大，因为这类系统的极坐标图与负实轴不相交。因此，理论上一阶或二阶系统是稳定的。但是一阶或二阶系统在一定意义上只能说是近似的，因为在推导系统方程时，忽略了一些小的时间滞后，因此它们不是真正的一阶或二阶系统。如果计及这些小的滞后，则所谓的一阶或二阶系统可能是不稳定的。

③ 关于相位裕度和增益裕度的几点说明：控制系统的相位裕度和增益裕度是系统的极坐标图对 $(-1, j0)$ 点靠近程度的度量。这两个裕度可以作为设计准则。只用增益裕度或相位裕度中的一个，都不足以说明系统的相对稳定性。为了确定系统的相对稳定性，必须同时已知这两个量。

对于最小相位系统，只有当相位裕度和增益裕度都是正值时，系统才是稳定的。负的裕度表示系统不稳定。适当的相位裕度和增益裕度可以减轻系统中组件变化造成的影响。为了得到满意的性能，相位裕度应当为 30°～60°，增益裕度应当大于 6 dB。

3) 实验内容

(1) 绘制连续系统的 Bode 图。

给定系统开环传递函数为

$$G(s)=\frac{\text{num}(s)}{\text{den}(s)}$$

的分子和分母多项式系数向量 num 和 den，在 MATLAB 中 bode()函数用来绘制连续系统的 Bode，其常用调用格式有三种。

格式一：bode(num，den)

在当前图形窗口中直接绘制系统的 Bode 图，角频率向量 ω 的范围自动设定。

格式二：bode(mun，den，w)

用于绘制系统的 Bode 图，w 为输入给定角频率，用来定义绘制 Bode 图时的频率范围或者频率点。w 为对数等分，用对数等分函数 logspace()完成，其调用格式为：logspace(d1，d2，n)，表示将变量 w 作对数等分，命令中 d1，d2 为$10^{d1}\sim10^{d2}$之间的变量范围，n 为等分点数。

格式三：[mag，phase，w]=bode(mun，den)

返回变量格式，不作图，计算系统 Bode 图的输出数据，输出变量 mag 是系统 Bode 图的幅值向量 mag=$|G(j\omega)|$，注意此幅值不是分贝值，需用 mag(dB)=20 * log(mag)转换；phase 为 Bode 图的幅角向量 phase=$\angle G(j\omega)$，单位为度(°)；w 是系统 Bode 图的频率向量，单位为 rad/s。

【范例 3-18】 已知控制系统开环传递函数为

$$G(s)H(s)=\frac{10}{s^2+2s+10}$$

绘制其 Bode 图。

【解】 MATLAB 参考程序 graph9.m 如下：

```
num= [10], den=[1  2  10 ];
bode( num, den)              % 显示系统的 Bode 图
```

程序运行后的 Bode 图如图 3-32 所示。

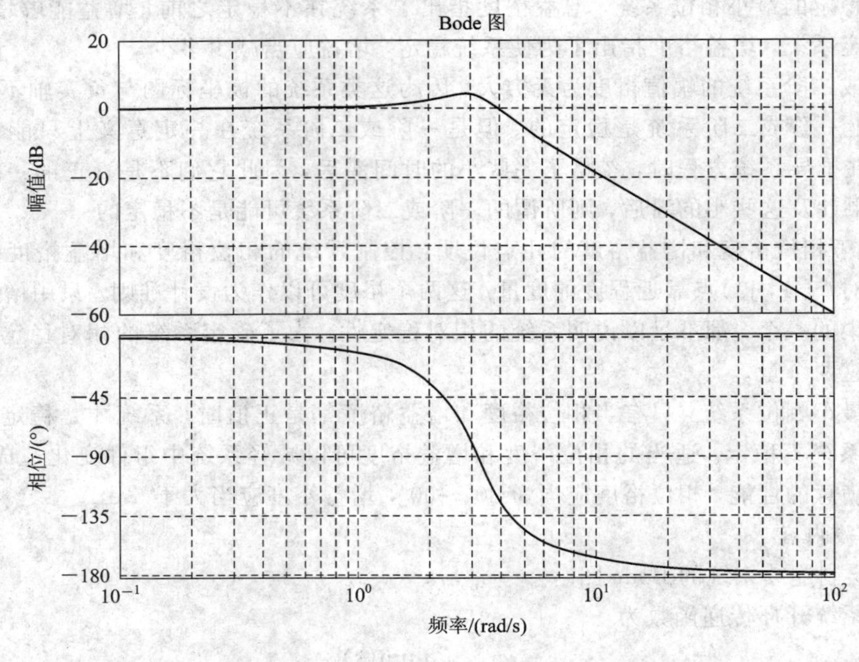

图 3-32　范例 3-19 的 Bode 图

【范例 3-19】 在上述系统 Bode 图中，确定谐振峰值的大小 M_r 与谐振频率 ω_r。

【解】 MATLAB 参考程序 graph10.m 如下：

```
[m, p, w]=bode(num, den)    %返回变量格式，得到(m, p, w)向量
mr=max(m)                   %由最大值函数得到 m 的最大值
wr=spline(m, w, mr)         %由插值函数 spline 求得谐振频率
```

运行结果为：谐振峰值 $M_r=1.6667$，谐振频率 $\omega_r=2.8284$rad/s。

【自我实践 3-4】 某单位反馈系统的闭环传递函数为

$$G(s)=\frac{100}{s^2+6s+100}$$

① 在 $\omega=0.1$ rad/s 到 $\omega=1000$ rad/s 之间，用 logspace 函数生成系统闭环 Bode 图，估计系统的谐振峰值 M_r，谐振频率 ω_r 和带宽 ω_g。

② 由 M_r 和 ω_r 推算系统阻尼比 ζ 和无阻尼自然频率 ω_n，写出闭环传递函数，并与已知传递函数做比较。

(2) 计算系统的稳定裕度，包括增益裕度 G_m 和相位裕度 P_m。

函数 margin()可以从系统频率响应中计算系统的稳定裕度及其对应的频率。

格式一：margin(num, den)

给定开环系统的数学模型，作 Bode 图，并在图上标注增益裕度 G_m 和对应频率 ω_g，相位裕度 P_m 和对应频率 ω_c。

格式二：[Gm, Pm, ωg, ωc]=margin(num, den)

返回变量格式，不作图。

格式三：[Gm, Pm, ωg, ωc]=margin(m, p, ω)

给定频率特性的参数向量：幅值 m、相位 p 和频率 ω，由插值法计算 G_m 及 ω_g、P_m 及 ω_c。

【范例 3-20】 已知单位负反馈系统的开环传递函数为

$$G(s)=\frac{2}{s(s+1)(s+2)}$$

求系统的稳定裕度，并分别用格式二与格式三计算，比较二者误差。

【解】 编写程序 graph11.m 如下：

```
k=2;
z=[];
p=[0 -1 -2]
[num, den]=zp2tf(z, p, k)
margin(num, den)
[Gm1, Pm1, wg1, wc1]=margin(num, den);    %格式二求出系统稳定裕度
[m, p, w]=bode(num, den);
[Gm2, Pm2, wg2, wc2]=margin(m, p, w);     %格式三求出系统稳定裕度
```

程序运行后显示系统的 Bode 图如图 3-33 所示，并在图的上方标出了稳定裕度。同时格式三算出稳定裕度显示在命令窗口中。

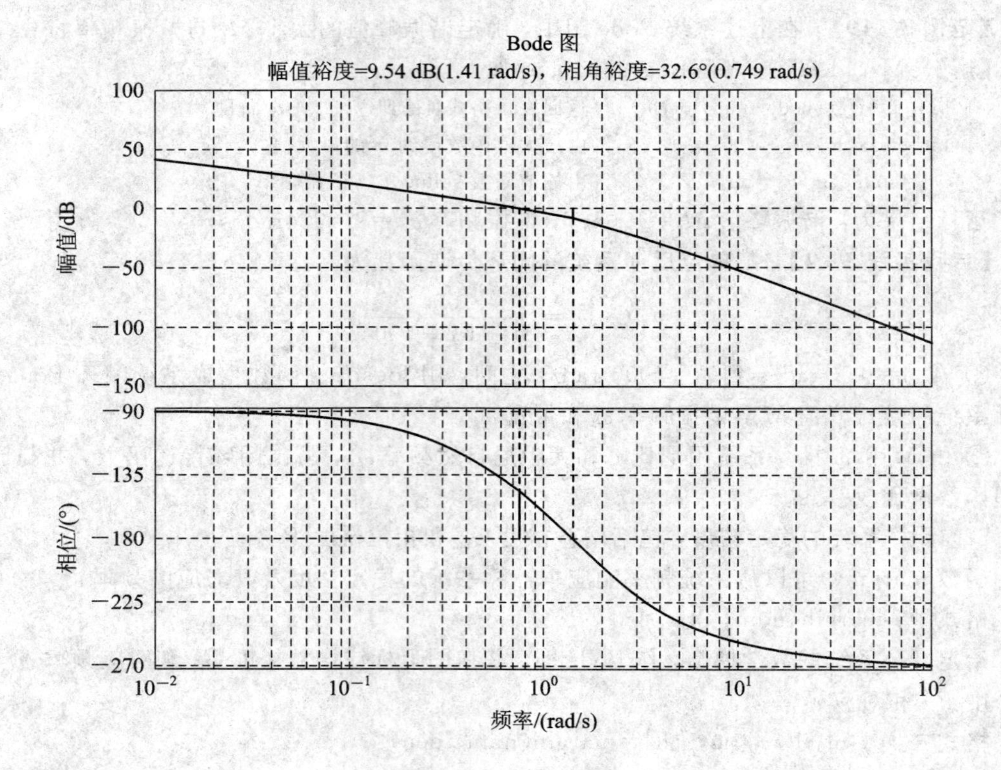

图 3-33　系统的 Bode 图

【分析】 比较以下两组数据：

由格式二计算出的数据：

$$G_{m1}=3;\ \omega_{g1}=1.4142\ \text{rad/s},\ P_{m1}=32.6133°,\ \omega_{c1}=0.7494\ \text{rad/s}$$

由格式三计算出的数据：

$$G_{m2}=3;\ \omega_{g2}=1.4142\ \text{rad/s},\ P_{m2}=32.6138°,\ \omega_{c2}=0.7492\ \text{rad/s}$$

由于格式二计算时的 ω 是自动给定的，因此采用格式二求取的稳定裕度与采用格式三经插值后得到的稳定裕度比较，后者的精确度高一些。这两种格式计算出的 G_m 不是分贝值，但可以转化，即 $20\lg G_m=20\lg 3$ dB=9.54 dB。

【自我实践 3-5】 某单位负反馈系统的传递函数

$$G(s)=\frac{k}{s(s+1)(s+2)}$$

① 当 $k=4$ 时，计算系统的增益裕度、相位裕度，在 Bode 图上标注低频段斜率、高频段斜率及低频段、高频段的渐近相位角。

② 如果希望增益裕度为 16 dB，求出对应的 k 值，并验证。

③ 系统对数频率稳定性分析。

【范例 3-21】 系统开环传递函数为

$$G(s)=\frac{k}{s(0.5s+1)(0.1s+1)}$$

试分析系统的稳定性。

【解】 令 $k=1$，程序 graph12.m 如下：

```
num=1; d1=[1 0]; d2=[0.5 1]; d3=[0.1 1];
den=conv(d1, conv(d2, d3));
margin(num, den)
```

程序运行后，Bode 图如图 3-34 所示，可以看出，当 $k=1$ 时，系统是稳定的。

$G_m=21.6$ dB，$\omega_g=4.47$ rad/s，$P_m=60.4°$，$\omega_c=0.9076$ rad/s

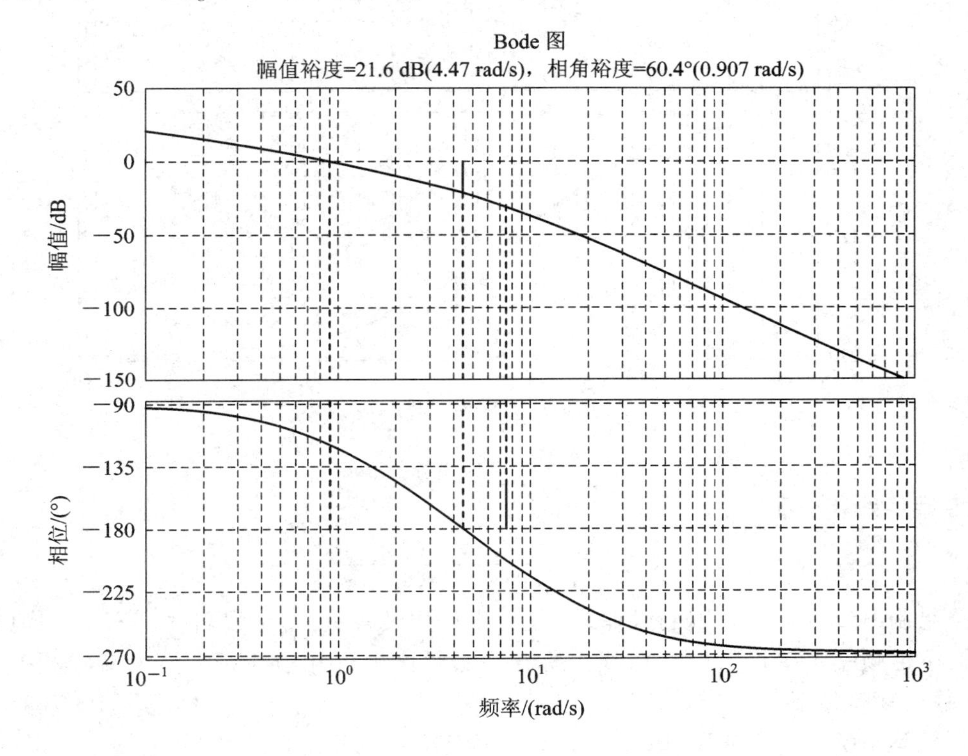

图 3-34　$k=1$ 时系统的 Bode 图

由插值函数 spline()确定系统稳定的临界增益。程序 graph13.m 如下：

```
num1=1;
d1=[1 0]; d2=[0.5 1]; d3=[0.1 1];
den=conv(d1, conv(d2, d3));
[m, p, w]=bode(num, den);
wi=spline(p, w, -180);
mi=spline(w, m, wi);
k=1/mi, num2=k;
margin(num2, den)
```

【分析】 运行程序后，得到系统的临界增益为 $K_c=12$，对应的 Bode 图如图 3-35 所示。$G_m\approx0$ dB，$\omega_g=4.47$ rad/s，$P_m\approx0°$，$\omega_c=4.47$ rad/s，此时系统处于临界稳定状态，阶跃响应做等幅振荡，属于不稳定状态。因此当 $k<12$ 时系统的幅值裕度 $G_m>0$ dB，相位裕度 $P_m>0°$，系统稳定。当 $k>12$ 时，系统不稳定。

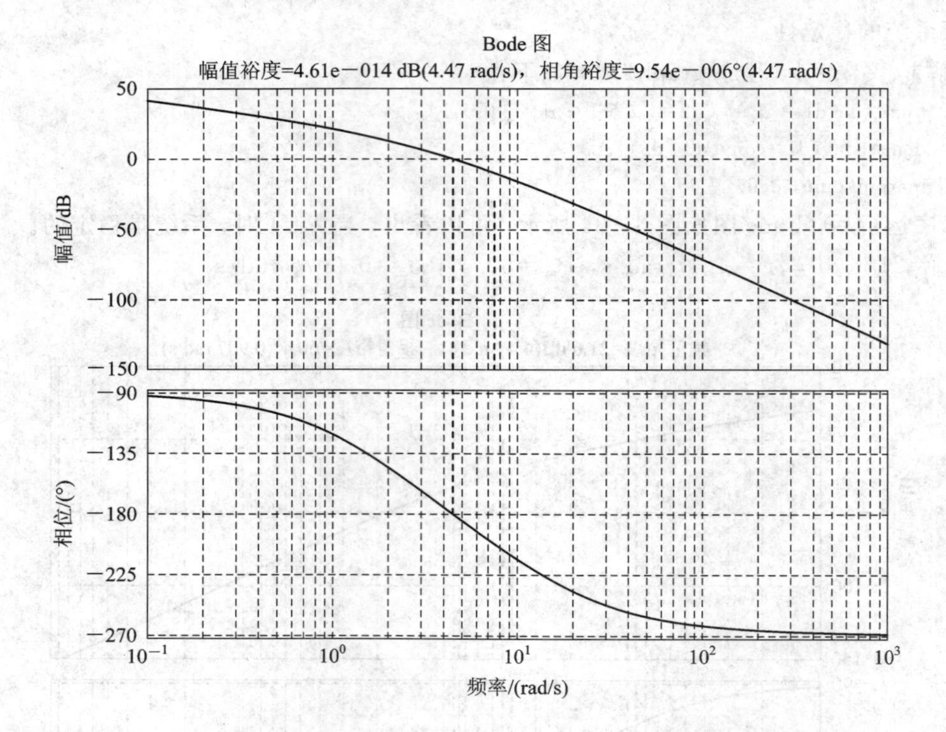

图 3-35　$K_c=12$ 时系统的 Bode 图

【自我实践 3-6】 已知

$$G(s)=\frac{31.6}{s(0.01s+1)(0.1s+1)}$$

① 绘制 Bode 图，在幅频特性曲线上标出：低频段斜率、高频段斜率、开环截止频率和中频段穿越频率；在相频特性曲线上标出：低频段渐近相位角、高频段渐近相位角和 $-180°$线的穿越频率。

② 计算系统的稳定裕度 $20\lg K_g$ 和 γ，并确定系统的稳定性。

③ 在图上做近似的渐近线，与原幅频特性曲线相比较。

【自我实践 3-7】 已知

$$G(s)=\frac{k(s+1)}{s^2(0.1s+1)}$$

令 $k=1$，作 Bode 图，应用频域稳定判据确定系统的稳定性，并确定使系统获得最大相位裕度 γ_{cmax}的增益 K 值。

【自我实践 3-8】 已知系统方框图如图 3-36 所示。分别令

① $G_c(s)=1$。

② $G_c(s)=\dfrac{0.5s+1}{0.1s+1}$。

作 Bode 图，分别计算两个系统的稳定裕度值。然后做性能比较及实域仿真验证。

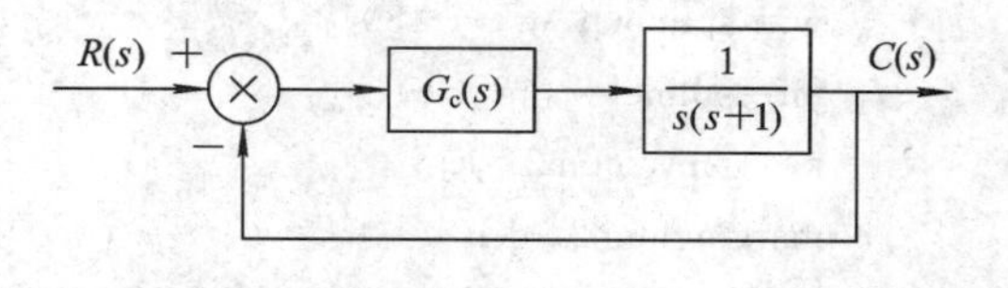

图 3-36　系统方框图

3. 实验数据记录

将各次实验的曲线保存在WORD软件中，以备写实验报告使用，稳定裕度数据记录在曲线图的下方。要求每条曲线注明传递函数，分析后做出实验结论。

4. 实验能力要求

(1) 熟练使用MATLAB绘制控制系统Bode图的方法，掌握函数bode()和margin()的三种调用格式，并灵活运用。

(2) 学会根据系统Bode图作渐近处理，建立系统数学模型。

(3) 熟练应用对数频率稳定判据，根据Bode图分析控制系统的稳定性。

(4) 分析系统开环增益、零极点的变化对系统稳定裕度指标的影响。

本章思考题

1. 若

$$G(s)H(s)=\frac{1}{T^2s^2+2\zeta Ts+1}$$

令 $T=0.1$，$\zeta=2, 1, 0.5, 0.1, 0.01$，分别作Bode图并保持，比较不同阻尼比时系统频率特性的差异，并得出结论。

2. 利用Simulink仿真环境，验证二阶系统的频域指标与动态性能指标之间的关系。

第 4 章　线性系统的校正和设计

4.1　基于 MATLAB 控制系统的频率法串联超前校正设计

1. 实验目的

(1) 对给定系统设计满足频域性能指标的串联校正装置。

(2) 掌握频率法串联有源和无源超前校正网络的设计方法。

(3) 掌握串联校正环节对系统稳定性及过渡过程的影响。

2. 实验原理

1) 频率法校正设计

一般地，开环频率特性的低频段表征了闭环系统的稳态性能，中频段表征了闭环系统的动态性能，高频段表征了闭环系统的复杂性和噪声抑制性能。因此，用频率法对系统进行校正的基本思路是：通过所加校正装置，使校正后系统的开环频率特性具有如下特点：

(1) 低频段的增益充分大，满足稳态精度的要求。

(2) 中频段的幅频特性的斜率为 -20 dB/dec，相角裕度要求在 $45°$左右，并具有较宽的频带，这一要求是为了使系统具有较好的动态性能。

(3) 高频段要求幅值迅速衰减，以减小噪声的影响。

2) 串联超前校正装置

用频率法对系统进行超前校正的基本原理，是利用超前校正网络的相位超前特性来增大系统的相位裕量，以达到改善系统瞬态响应的目标。为此，要求校正网络最大的相位超前角出现在系统的剪切频率处。

串联超前校正的特点：主要对未校正系统中频段进行校正，使校正后中频段幅值的斜率为 -20 dB/dec，且有足够大的相位裕度。超前校正会使系统瞬态响应的速度变快，剪切频率增大。这表明校正后，系统的频带变宽，瞬态响应速度变快，相当于微分效应，但系统抗高频噪声的能力会变差。因此，在校正装置设计时必须注意权衡系统瞬态响应和抗高频噪声的能力。

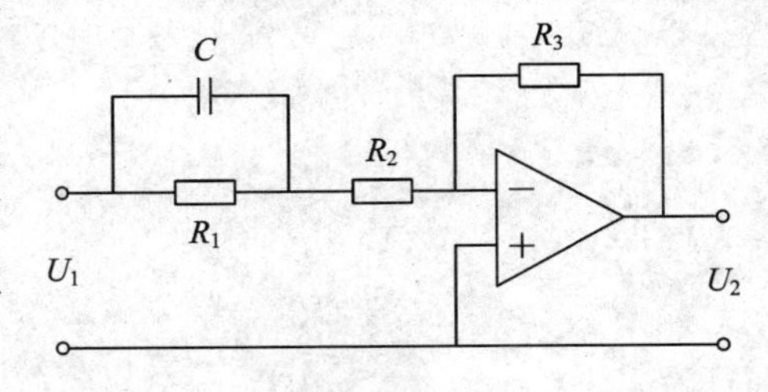

图 4 - 1　串联有源超前校正网络

(1) 串联有源超前校正网络。如图 4 - 1 所示为常用的有源超前网络，其传递函数为

$$G_c(s) = K \times \frac{1 + Ts}{1 + \beta Ts}$$

式中，时间常数 $T=R_1C$，分度系数 $\beta=\dfrac{R_2}{R_1+R_2}<1$，$K=\dfrac{R_3}{R_1+R_2}$。

（2）串联无源超前校正网络。如图4-2(a)所示为常用的无源超前网络，假设该网络信号源的阻抗很小可忽略不计，而输出负载的阻抗无穷大，则其传递函数为

$$G_c(s)=\frac{1}{a}\times\frac{1+aTs}{1+Ts}$$

式中，时间常数 $T=\dfrac{R_1R_2C}{R_1+R_2}$，分度系数 $a=\dfrac{R_1+R_2}{R_2}>1$。

注意：采用无源超前网络进行串联校正时，整个系统的开环增益要下降 a 倍，因此需要提高放大器增益加以补偿，此时的传递函数为

$$aG_c(s)=\frac{1+aTs}{1+Ts}$$

超前网络的零极点分布如图4-2(b)所示。由于 $a>1$，故超前网络的负实零点总是位于负实极点之右，两者之间的距离由常数 a 决定。可知改变 a 和 T（即电路的参数 R_1、R_2、C）的数值，超前网络的零极点可能在 s 平面的负实轴任意移动。无源超前网络的对数频率特性为

$$20\lg|aG_c(s)|=20\lg\sqrt{1+(aT\omega)^2}-20\lg\sqrt{1+(T\omega)^2}$$
$$\varphi_c(\omega)=\arctan aT\omega-\arctan T\omega$$

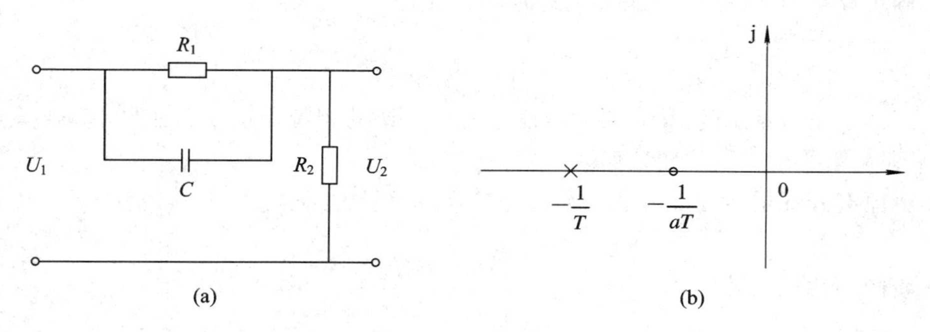

图4-2　串联无源超前校正网络及其零极点分布图

可见，由 $a>l$，$\varphi_c(\omega)>0$，超前网络对频率在 $1/aT$ 至 $1/T$ 之间的输入信号有明显的微分作用，在该频率范围内输出信号相角比输入信号相角超前，超前网络的名称由此而得。在最大超前角频率 ω_m 处，具有最大超前角 φ_m，φ_m 正好处于频率 $1/aT$ 与 $1/T$ 几何中心。

$$\varphi_m=\arcsin\frac{a-1}{a+1},\quad L_c(\omega_m)=20\lg\sqrt{a}=10\lg a$$

上式表明：最大超前角 φ_m 与分度系数有关。a 逐渐增大时，φ_m 也随着增大。但 a 不能取得太大（为了保证较高的信噪比），a 一般不超过20，这种超前校正网络的最大相位超前角一般不大于65°。如果需要大于65°的相位超前角，则要用两个超前网络串联实现，并在所串联的两个网络之间加一隔离放大器，以消除它们之间的负载效应。

（3）用频率法对系统进行串联超前校正。其一般步骤可归纳如下：

① 根据稳态误差的要求，确定开环增益 K。

② 根据所确定的开环增益 K，画出未校正系统的Bode图，计算未校正系统的相位裕

度 r。

③ 计算超前网络参数 a 和 T。

根据剪切频率 ω_c'' 的要求，选择最大超前角频率等于要求的系统剪切频率，即 $\omega_m=\omega_c''$，以保证系统的响应速度，并充分利用了网络的相位超前特性。显然 $\omega_m=\omega_c''$ 成立的条件是 $L_0(\omega_c'')=L_0(\omega_c)=10\lg a$，由此可以确定 a，再由 $T=\dfrac{1}{\omega_m\sqrt{a}}$确定 T。

如果对剪切频率没有特别要求，则可由给定的相位裕度值 γ''计算超前校正装置提供的相位超前量 φ，即

$$\varphi=\varphi_m=\gamma''-\gamma+\varepsilon$$

式中，γ''是给定的相位裕度值，γ 是未校正系统的相位裕度，ε 是补偿修正量，用于补偿因超前校正装置的引入使系统剪切频率增大而增加的相位滞后量。ε 值通常是这样估计的：如果未校正系统的开环对数幅频特性在剪切频率处的斜率为 -40 dB/dec，一般取 $\varepsilon=5°\sim10°$；如果为 -60 dB/dec，则取 $\varepsilon=15°\sim20°$。

根据所确定的最大相位超前角 φ_m，按 $a=\dfrac{1+\sin\varphi_m}{1-\sin\varphi_m}$，计算出 a 的值。

计算校正装置在 φ_m 处的幅值为 $10\lg a$。由未校正系统的对数幅频特性曲线，求得其增益为 $10\lg a$ 处的频率，该频率 φ_m 就是校正后系统的开环剪切频率 ω_c''，即 $\omega_m=\omega_c''$。

④ 确定校正网络的转折频率 ω_1 和 ω_2。

$$\omega_1=\frac{\omega_m}{\sqrt{a}}=\frac{1}{T},\quad \omega_2=\omega_m\sqrt{a}=\frac{1}{aT}$$

⑤ 画出校正后系统的 Bode 图，验证已校正系统的相位裕度 γ''。如果不满足，则需增大 ε 值，即从第③步开始重新计算。

⑥ 将原有开环增益增加 a 倍，补偿超前网络产生的增益衰减，确定校正网络组件的参数。

3. 实验内容

(1) 频率法有源超前校正装置设计。

【范例 4-1】 已知单位负反馈系统被控制对象的传递函数为

$$G_0(s)=\frac{K_0}{s(0.1s+1)(0.001s+1)}$$

试用频率法设计串联有源超前校正装置，使系统的相位裕度 $\gamma\geqslant45°$，静态速度误差系数 $K_v=1000\ \text{s}^{-1}$。

【解】 ① 根据系统稳定态误差的要求，确定系统的开环放大系数 K_0。

由于要求 $K_v=1000$，则

$$K_v=\lim_{s\to0}\frac{K_0}{s(0.1s+1)(0.001s+1)}=K_0=1000$$

则未校正系统的开环传递函数为

$$G_0(s)=\frac{1000}{s(0.1s+1)(0.001s+1)}$$

② 绘制未校正系统的 Bode 图，确定未校正系统的增益裕度 $20\lg K_g$ 和相位裕度 γ。

MATLAB 程序为

```
num=1000; den=conv([0.1, 1][0.001, 1]);
G0=tf(num, den); margin(G0)
```

运行结果显示，未校正系统的增益裕度为 0.0864 dB，$-\pi$ 穿越频率为 100 rad/s；相位裕度为 0.0584°，剪切频率为 99.486 rad/s。未校正系统的增益裕度和相位裕度几乎为零，系统处于临界稳定状态，但实际上属于不稳定系统，不能正常工作。

③ 设计串联超前装置，确定有源超前校正装置提供的相位超前量 φ。

由于对校正后的剪切频率 ω_c 没有提出要求，由给定的相位裕度，计算系统需要增加的相位超前角 $\varphi_m=45°-0.0584°+8°\approx53°$（附加角度为 8°）。

④ 确定校正网络的转折频率 ω_1 和 ω_2，然后确定校正器的传递函数：

$$G_c(s)=\frac{\frac{s}{\omega_1}+1}{\frac{s}{\omega_2}+1}=\frac{Ts+1}{\beta Ts+1}$$

MATLAB 参考程序 graph1.m 如下：

```
num=1000; den=conv([1, 0], conv([0.1, 1], [0.001, 1]));
G0=tf(num, den);                        %未校正系统的开环传递函数
[Gm, Pm, Wcg, Wcp]=margin(G0);          %未校正系统的频域性能指标
w=0.1 : 0.1 : 10000;                    %确定频率采样的间隔值
[mag, phase]=bode(G0, w);
magdb=20 * log(mag);                    %计算对数幅频响应值
phiml=45; deta=8; phim=phiml-Pm+deta;            %确定相位超前角 φm
bita=(1=sin(phim * pi/180))/(1+sin(phim * pi/180));  %确定 β 值
n=find(magdb+10 * log10(1/bita)<=0.0001);        %find()函数找到满足该式的
                                                 %magdb 向量所有下标值
wc=n(1);                                %取第一项为 wc 是为了最大限度利用超前相位量
w1=(wc/10) * sqrt(bita);
w2=(wc/10)/sqrt(bita);                  %确定校正装置两个转折频率
numc=[1/w1, 1]; denc[1/w2, 1];          %令 k=1，确定校正装置的传递函数
Gc=tf(numc, denc);
G=Gc * G0;                              %校正后系统的开环传递函数
[Gmc, Pmc, Wcgc, Wcpc]=margin(G);       %校正前后系统的频域性能指标
GmcdB=20 * log10(Gmc);
disp('校正后装置传递函数和校正后系统开环传递函数'), Gc, G,
disp('校正后系统的频域性能指标 Kg, γ, ω'c'), [Gmc, Pmc, Wcpc],
disp('校正装置的参数 T 和 β 值：'), T=1/w1; [T, bita],
bode(G0, G);                            %绘制校正前和校正后的 Bode 图
hold on, margin(G)                      %在同一窗口显示校正后的频域指标
```

程序执行结果显示：

```
校正装置传递函数和校正后系统开环传递函数
Transfer function:
0.02366s+1
```

————————
0.002658s+1
Transfer function:
　　　　23.66s+1000
——————————————————
2.658e−007s^4+0.0003684s^3+0.1037s^2+s
校正后系统的频域性能指标 K_g，γ，ω_c
14.1912　40.7175　206.9575
校正装置的参数 T 和 β 值：
0.0237　0.1123

⑤ 画出校正后系统的 Bode 图，如图 4-3 所示，验证已校正系统的相位裕度 γ''。

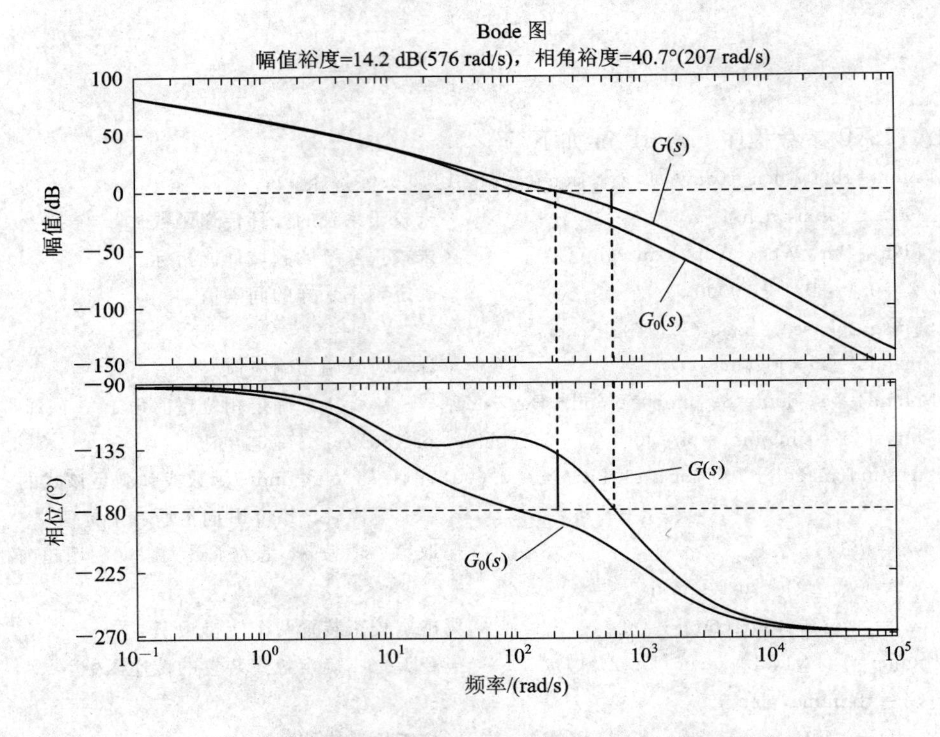

图 4-3　有源超前校正前 $G_0(s)$ 和校正后 $G(s)$ 的 Bode 图

由以上程序运行结果可以看出：设计结果完全可以满足系统的指标要求。

⑥ 根据超前校正的参数，确定有源超前网络组件值：

由 $\beta=\dfrac{R_2}{R_1+R_2}$，$T=R_1C$，取 $C=1\ \mu\text{F}$，则

$$R_1=\frac{T}{C}=\frac{0.0237}{1\times10^{-6}}=23.7\ \text{k}\Omega,\quad R_2=\frac{\beta R_1}{1-\beta}=\frac{0.1123\times23.7}{1-0.1123}=2.998\ \text{k}\Omega$$

将以上计算值按实际元件值标准化，取 $R_1=24\ \text{k}\Omega$，$R_2=3\ \text{k}\Omega$，则 $R_3=R_1+R_2=27\ \text{k}\Omega$。

【自我实践 4-1】　单位负反馈传递函数 $G_0(s)=\dfrac{K}{s(s+2)}$，试设计串联有源超前校正网

络的传递函数 $G_c(s)$，使系统的静态速度误差系数 $K_v=20$，相位裕度 $\gamma>35°$，增益裕度 $20\lg K_g>10$ dB。

$\left(\text{参考答案：} G_c(s)=\dfrac{0.00541s+1}{0.053537s+1},\ G(s)=\dfrac{9.0165s+40}{0.0537s^3+1.107s^2+2s}\right)$

（2）频率法无源超前校正装置设计。

【范例 4－2】 已知单位负反馈传递函数 $G_0(s)=\dfrac{K}{s^2(0.2s+1)}$，试设计无源串联超前校正网络的传递函数 $G_c(s)$，使系统的静态加速度误差系数 $K_a=10$，相位裕度 $\gamma\geqslant35°$。

【解】 ① 因为

$$K_a=\lim_{s\to0}s^2G_0(s)=\lim_{s\to0}s^2\frac{K}{s^2(0.2s+1)}=K=10$$

故未校正系统的开环传递函数为

$$G_0(s)=\frac{10}{s^2(0.2s+1)}$$

② 绘制未校正系统的 Bode 图，可得未校正系统的相位裕度 $\gamma=-30.455°$，剪切频率 $\omega_c=2.9361$，未校正系统处于不稳定状态。因此系统需要增加的相位超前角 $\varphi_m=35°-(-30.46)+18.54°=84°$（附加相角为 18.54°）。

一般情况下，若需要校正网络提供的超前角 φ_m 大于 60°，就需采用 2 级或 n 级串联超前校正网络来实现，每一级提供的超前角为 φ_m/n。因此本范例采用 2 级串联超前校正网络来实现，每一级提供的超前角为 $\varphi_m/2=42°$。

MATLAB 参考程序 graph2.m 如下：

```
Num=10; den=[0.2, 1, 0, 0]; G0 = tf(num, den);
[Gm, Pm, Wcg, Wcp]=margin(G0);
w = 0.1:1:10000; [mag, phase]=bode(G0, w);
magdb=20 * log10(mag);
Phim1 = 35; deta= 18; phim=( phim1-Pm+deta) / 2;
alpha = (1+sin(phim * pi/180))/(1- sin(phim * pi/180));
n= find(magdb+10 * log10(alpha)<= 0.0001);
wc=n(1)+0.1;
W1= wc / sqrt(alpha); w2=sqrt(alpha) * wc;
numc= (1/alpha) * [1/w1, 1]; denc= [1/w2, 1];
Gc1=tf(numc, denc) ; Gc=Gc1 * Gc1 ;    % Gc1 是一个校正网格，Gc 是两个串联
G=(alpha) ^2 * Gc * G0;
% G 是校正后的开环传递函数，a^2 是校正网络需要增加的放大倍数
disp('显示单级校正网络传递函数，2 级串联校正网络传递函数及 α、T 值'),
T= 1/w2; Gc1, Gc, [alpha, T],
bode(G0, G) ; hold on, margin(G), figure(2);
sys0=feedback(G0, 1); step(sys0) ; hold on,
sys=feedback(G, 1); step(sys)
```

执行程序后，得到校正网络的传递函数及校正后的 Bode 图和单位阶跃响应曲线，如图 4－4 和图 4－5 所示。

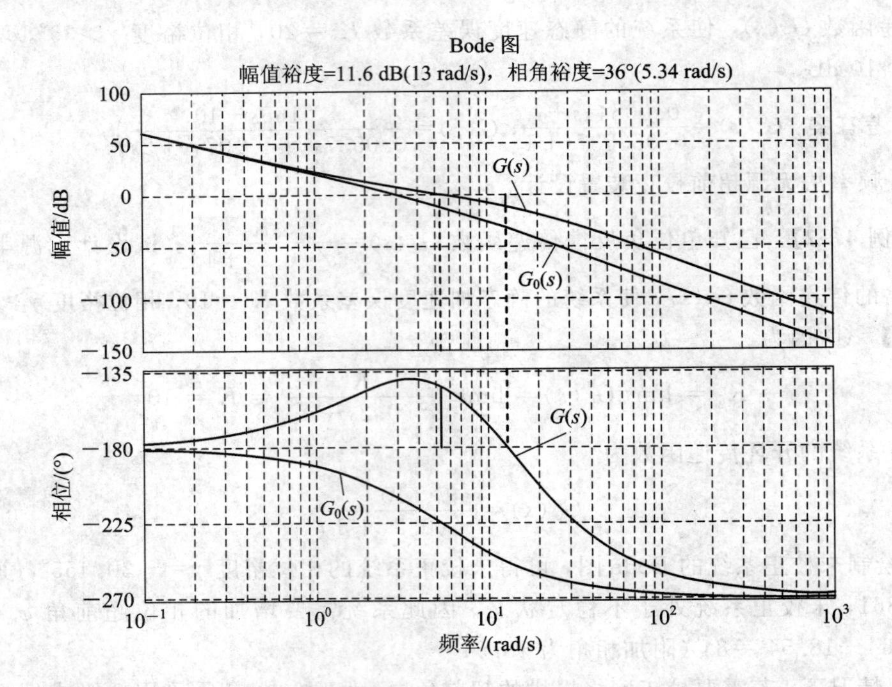

图 4－4　无源超前校正前 $G_0(s)$ 和校正后 $G(s)$ 的 Bode 图

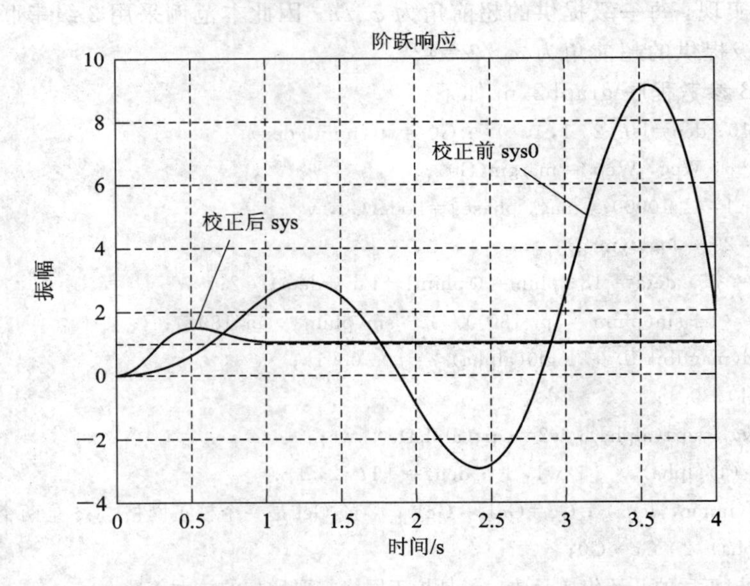

图 4－5　校正前 sys0 和校正后 sys 的闭环单位阶跃响应

单级校正网络传递函数

$$G_{c1}(s)=\frac{0.07348s+0.2009}{0.07348s+1}$$

2 级串联校正网络传递函数

$$G_c(s)=\frac{0.0054s^2+0.02953s+0.04037}{0.0054s^2+0.147s+1}$$

这里 $\alpha=4.9768$，$T=0.0735$。

由图 4-4 和图 4-5 可见，校正后系统的增益裕度 $20\lg K_g=11.598$ dB，$\omega_g=12.976$ rad/s，相位裕度 $\gamma=36.039°$，$\omega_c=5.3395$ rad/s；超调 $M_p=47\%$，调整时间 $t_s=1.59$ s。设计结果满足要求，且校正后系统单位阶跃响应稳定。

通过以上范例得出结论：采用串联超前校正的效果使中频段的 ω_c 和 γ 两项指标得以改善，动态指标 t_s 和 M_p 变好，但是 $G_c(s)$ 幅值增加，使高频段 $L_c(\omega)$ 抬高，系统抗高频噪声能力降低。

【自我实践 4-2】 已知

$$G_0(s)=\frac{K}{s\left(\frac{1}{2}s+1\right)\left(\frac{1}{30}s+1\right)}$$

要求设计串联超前校正装置，使系统的稳态速度误差 $e_{ss}\leqslant 0.1$，$M_p\leqslant 27.5\%$，$t_s\leqslant 1.7$ s，试确定 $G_c(s)$。（提示：先将时域指标转化成频域指标）

4. 实验数据记录

将实验的曲线保存在 Word 软件中，以备写实验报告使用，稳定裕度数据记录在曲线图的下方。要求每条曲线注明传递函数，分析后作出实验结论。

5. 实验能力要求

(1) 熟练掌握频率法设计控制系统串联有源和无源超前校正网络的方法。

(2) 熟练使用 MATLAB 编程完成控制系统串联超前校正设计，掌握函数 find()的作用，并灵活运用。

(3) 比较分析控制系统校正前后的各项性能指标，明确串联超前校正的作用。

(4) 了解串联超前校正环节对系统稳定性及过渡过程的影响。

6. 拓展与思考

比较串联有源和无源超前校正网络的异同，在实际应用中如何选择组件参数？

【补充】频域指标与时域指标之间的关系。

(1) 典型二阶系统频域与时域指标之间的关系。

① 剪切频率 $\omega_c=\omega_n\sqrt{\sqrt{1+4\zeta^4}-2\zeta^2}$。

② 相位裕度 $\gamma=\arctan\dfrac{2\zeta}{\sqrt{\sqrt{1+\zeta^4}-2\zeta^2}}$。

③ 带宽频率 $\omega_b=\omega_n\sqrt{(1-2\zeta^2)+\sqrt{2-4\zeta^2+4\zeta^4}}$。

④ 谐振频率 $\omega_r=\omega_n\sqrt{1-2\zeta^2}$ $(0<\zeta<0.707)$。

⑤ 谐振峰值 $M_r=\dfrac{1}{2\zeta\sqrt{1-2\zeta^2}}$ $(0<\zeta<0.707)$。

⑥ 超调量 $M_p=e^{-\pi\zeta/\sqrt{1-\zeta^2}}\times 100\%$。

⑦ 调节时间 $t_s=\dfrac{3.5}{\zeta\omega_n}(\Delta=5\%)$ 或 $t_s=\dfrac{4.4}{\zeta\omega_n}(\Delta=2\%)$。

(2) 高阶系统频域与时域指标之间的近似关系。

① 谐振峰值 $M_r\approx\dfrac{1}{\sin\gamma}$。

② 超调量 $M_p=[0.16+0.4(M_r-1)](1\leqslant M_r\leqslant 1.8)$。

③ 调整时间 $t_s=\dfrac{k\pi}{\omega_c}$ $(k=2+1.5(M_r-1)+2.5(M_r-1)^2$，其中 $1\leqslant M_r\leqslant 1.8)$。

4.2 基于 MATLAB 控制系统的频率法串联滞后校正设计

1. 实验目的

(1) 对给定系统设计满足频域或时域指标的串联滞后校正装置。

(2) 掌握频率法设计串联滞后校正的方法。

(3) 掌握串联滞后校正对控制系统稳定性和过渡过程的影响。

2. 实验原理

1) 滞后校正的特点

由于滞后校正网络具有低通滤波器的特性，因而当它与系统的不可变部分串联时，导致系统开环频率特性的中频和高频段增益降低，剪切频率 ω_c 减小，系统可获得足够大的相位裕度，且不影响频率特性的低频段。由此可见，滞后校正在一定的条件下，能使系统同时满足动态和静态的要求。

滞后校正的不足之处：校正后系统的剪切频率会减小，瞬态响应速度变慢；在剪切频率 ω_c 处，滞后校正网络会产生一定的相位滞后量，相当于积分作用。为了使这个滞后角尽可能地小，理论上总希望 $G_c(s)$ 的两个转折频率 ω_1、ω_2 比 ω_c 越小越好，但考虑物理实现上的可行性，一般取 $\omega_2=1/T=(0.1\sim 0.25)\omega_c$ 为宜。

串联滞后校正可应用在系统响应速度要求不高而抑制噪声电平性能要求较高的情况下，或者要求保持原有的已满足要求的动态性能不变，用以提高系统的开环增益、减小系统稳态误差的场合。

2) 滞后校正装置

(1) 串联有源滞后校正网络。如图 4-6 所示为常用的串联有源滞后校正网络，其传递函数为

$$G_c(s)=K\times\frac{1+\beta Ts}{1+Ts}$$

式中，时间常数 $T=R_2C$，分度系数 $\beta=\dfrac{R_3}{R_3+R_2}<1$，$K=\dfrac{R_3}{R_1\beta}$。

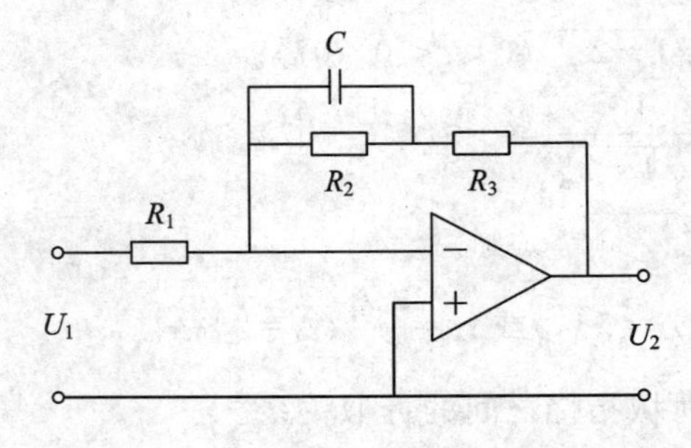

图 4-6 串联有源滞后校正网络

(2) 串联无源滞后校正网络。如图4-7所示的串联无源滞后网络，如果信号源的内部阻抗为零，负载阻抗为无穷大，则滞后网络的传递函数为

$$G_c(s)=\frac{1+bTs}{1+Ts}$$

式中，时间常数 $T=(R_1+R_2)C$，分度系数 $b=\dfrac{R_2}{R_1+R_2}<1$。

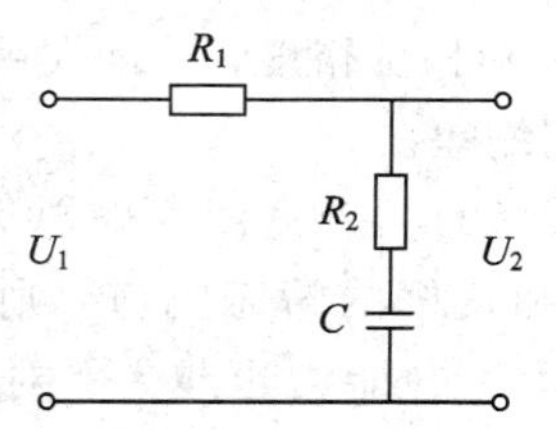

图4-7 串联无源滞后校正网络

滞后网络在 $\omega<1/T$ 时，对信号没有衰减作用，$1/T<\omega<1/bT$ 时，对信号有积分作用，呈滞后特性，$\omega>1/T$ 时，对信号衰减作用为 $20\lg b$，b 越小，这种衰减作用越强。最大滞后角发生在 $1/T$ 与 $1/bT$ 的几何中心。无源滞后网络进行串联校正时，主要利用其高频幅值衰减的特性，以降低系统的开环剪切频率，提高系统的相位裕度。在设计中力求避免最大滞后角发生在已校正系统开环剪切频率 ω_c'' 附近。选择滞后网络参数时，通常使网络的交接频率 $1/bT$ 远小于 ω_c''。一般取 $1/bT=\omega_c''/10$，则

$$\varphi_c(\omega_c'')=\arctan\frac{(b-1)\dfrac{10}{b}}{1+b\left(\dfrac{10}{b}\right)^2}=\arctan\frac{10(b-1)}{100+b}\approx\arctan[0.1(b-1)]$$

3) 单位反馈最小相位系统频率法设计串联滞后校正网络的步骤

(1) 根据稳态性能要求，确定开环增益 K。

(2) 利用已确定的开环增益，画出未校正系统对数频率特性曲线，确定未校正系统的截止频率 ω_c、相位裕度 γ 和增益裕度 $20\lg K_g$(dB)。

(3) 选择不同的 ω_c''，计算或查出不同的 γ 值，在Bode图上绘制 $\gamma(\omega_c'')$ 曲线。

(4) 根据相位裕度 γ'' 的要求，选择已校正系统的剪切频率 ω_c''；考虑到滞后网络在新的剪切频率 ω_c'' 处会产生一定的相位滞后 $\varphi_c(\omega_c'')$（一般取 $5°\sim10°$），因此，$\gamma(\omega_c'')=\gamma''+\varphi_c(\omega_c'')$ 在 $\gamma(\omega_c'')$ 曲线上可查出相应的 ω_c'' 值。

(5) 根据下述关系确定滞后网络参数 b 和 T：

$$20\lg b+L'(\omega_c'')=0 \qquad \frac{1}{bT}=0.1\omega_c''$$

要保证已校正系统的剪切频率为新的剪切频率 ω_c'' 值，就必须使滞后网络的衰减量 $20\lg b$ 在数值上等于未校正系统在新剪切频率 ω_c'' 上的对数幅频值 $L'(\omega_c'')$，该值在未校正系统的对数幅频曲线上可以查出，进而可以算出 b 值。

(6) 由已确定的 b 值，可以算出滞后网络的 T 值。如果求得的 T 值过大，难以实现，则可适当增大系数，如可在 $0.1\sim0.25$ 范围内选取，而 $\varphi_c(\omega_c'')$ 的估计值应在 $6°\sim14°$ 范围内。确定滞后校正装置的第二个转角频率 ω_2，通常为 ω_c'' 的 $0.1\sim0.25$ 倍频程。由 $\omega_1=$

$1/T=b\omega_2$，确定校正装置的第一个转角频率 ω_1。

(7) 验算已校正系统的相位裕度和增益裕度。

4) 串联超前校正与串联滞后校正方法的适用范围和特点比较

(1) 超前校正是利用超前网络的相位超前特性对系统进行校正，而滞后校正则是利用滞后网络的增益在高频衰减特性。

(2) 用频率法进行超前校正，旨在提高开环对数幅频渐近线在剪切频率处的斜率(−40 dB/dec 提高到−20 dB/dec)和相位裕度，并增大系统的频带宽度。频带变宽意味着校正后的系统响应变快，调整时间缩短。

(3) 对同一系统，超前校正系统的频带宽度一般总大于滞后校正系统，因此，如果要求校正后的系统具有较宽的频带和良好的瞬态响应，则采用超前校正。当噪声电平较高时，显然频带越宽的系统抗噪声干扰的能力也越差。对于这种情况，宜对系统采用滞后校正。

(4) 超前校正需要附加一个放大器，以补偿超前校正网络对系统增益的衰减。

(5) 滞后校正虽然能改善系统的静态精度，但它会使系统的频带变窄，瞬态响应速度变慢。有时候采用滞后校正可能得出时间常数大到不能实现。如果要求校正后的系统既有快速的瞬态响应，又有高的静态精度，则应采用超前-滞后校正。

3. 实验内容

利用频率法设计串联滞后校正，改善系统的性能。

【范例 4-3】 已知单位负反馈系统

$$G_0(s)=\frac{K}{s(0.0625s+1)(0.2s+1)}$$

设计相位裕度 $\gamma\geqslant50°$，增益裕度 $20\lg K_g\geqslant17$ dB，静态速度误差系数 $K_v=40\text{s}^{-1}$ 的系统。求串联滞后校正装置的传递函数 $G_c(s)$。

【解】 ① 根据稳态误差要求，确定系统的开环放大系数 K。

由于 $K_v=40$，即

$$K_v=\lim_{s\to0}s\frac{K}{s(0.0625s+1)(0.2s+1)}=K=40$$

则未校正系统的开环传递函数为

$$G_o(s)=\frac{40}{s(0.0625s+1)(0.2s+1)}$$

② 绘制 Bode 图，可得其频域性能指标。

未校正前系统的增益裕度 $20\lg K_g=-5.5968$ dB，穿越频率 $\omega_g=8.9443$ rad/s，相位裕度 $\gamma=-14.782°$，剪切频率 $\omega_c=-12.134$ rad/s。

③ 确定 ω_c' 的值。根据系统要求，可得 $\gamma(\omega_c')=\gamma'+\Delta=50°+6°=56°$。

使用命令：[mag, phase] = bode (Go, w)，求出 phase 向量，用 find() 函数求出 $\gamma(\omega_c')$ 的频率 ω_c'。

④ 求 β 值。找出未校正系统频率特性在 ω_c' 处的 $L(\omega_c')$ 。由 $L(\omega_c')+20\lg\beta=0$，得 $\beta=10^{-L(\omega_c')^{20}}$。

⑤ 确定校正装置的传递函数。选择校正网络的转折频率 $\omega_2=\frac{1}{10}\omega_c'$，$\omega_1=\beta\omega_2$，则校正

装置的传递函数为

$$G(s)=\frac{1+\dfrac{s}{\omega_2}}{1+\dfrac{s}{\omega_1}}$$

MATLAB 参考程序 graph3. m 如下：

```
num=40; den=conv([1, 0], [0.0625, 1]); den= conv(den, [0.2, 1]);
G0= tf(num, den); margin( G0);
gamma0 = 50; delta = 6; gamma = gamma0+ delta;
w= 0.01: 0.01: 1000; [mag, phase]= bode(G0, w);
n=find(180+phase-gamma<=0.1); wgamma= n(1)/100 ;
[mag, phase] = bode(G0, wgamma);
Lhc=-20 * log10(mag); beta= 10^(Lhc/20); w2= wgamma/10; w1=beta * w2;
numc =[1/w2, 1]; denc= [1/w1, 1]; Gc=tf(numc, denc)
G=G0 * Gc
bode(G0, G), hold on, margin( G), beta
```

程序执行后，得到校正网络传递函数、校正后系统开环传递函数、β 值如下：

$$G_c(s)=\frac{4.202s+1}{63.07s+1},\ G(s)=\frac{168.1s+40}{0.7883s^4+16.57s^3+63.33s^2+s},\ \beta=0.0666$$

校正前后的 Bode 图如图 4-8 所示。

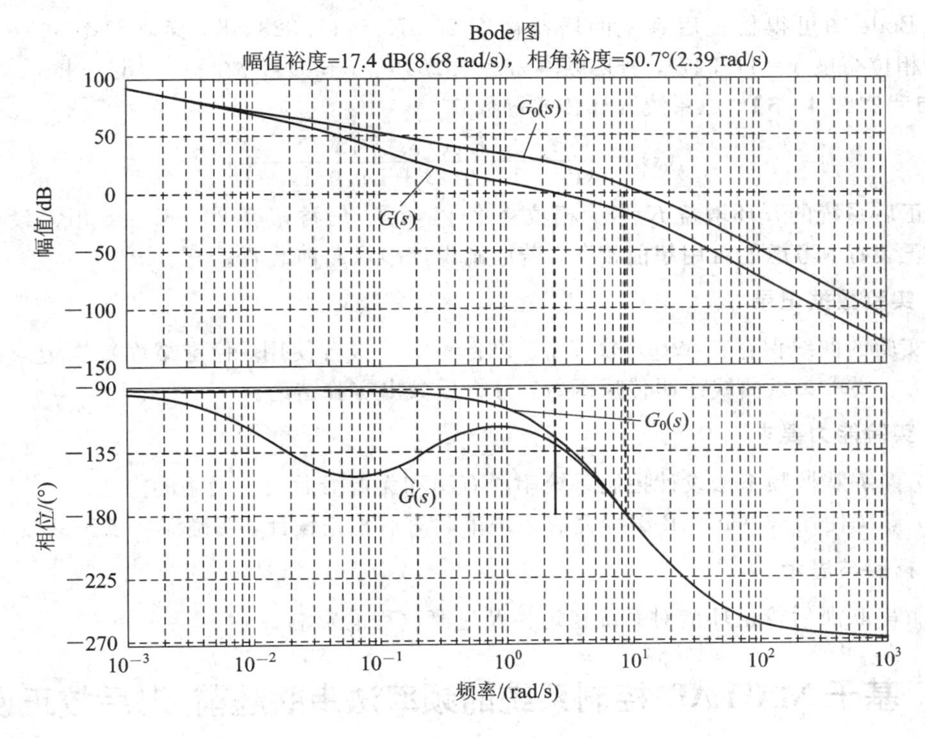

图 4-8　滞后校正前 $G_o(s)$ 和校正后 $G(s)$ 的 Bode 图

校正后系统的增益裕度 $20\lg K_g=17.409$ dB，穿越频率 $\omega_g=8.6796$ rad/s，相位裕度 $\gamma=50.653°$，剪切频率 $\omega_c=2.3897$ rad/s，故串联滞后校正满足系统要求。

⑥ 由滞后网络的参数 $T=63.07$s，$\beta=0.0666$，确定无源滞后网络的组件值。

$$\beta=\frac{R_2}{R_1+R_2}<1,\ T=(R_1+R_2)C$$

取 $C=100\ \mu$F，可计算出 $R_2=42$ kΩ，$R_1=588.7$ kΩ。

然后将 C、R_1、R_2 的数值标准化，电容 C 取 100 μF，R_2 取 47 kΩ，R_1 取 560 kΩ。

【范例 4-4】 设单位反馈系统开环传递函数为

$$G_o(s)=\frac{7}{s\left(\frac{1}{2}s+1\right)\left(\frac{1}{6}s+1\right)}$$

设计一个串联滞后校正网络，使已校正系统的相位裕度为 $40°\pm20°$，增益裕度不低于 10 dB，开环增益保持不变，剪切频率不低于 1 rad/s。

【解】 ① 未校正系统的频域性能指标为：增益裕度 $20\lg K_g=1.1598$ dB，穿越频率 $\omega_g=3.4641$ rad/s，相位裕度 $\gamma=3.3565°$，剪切频率 $\omega_c=3.2376$。可见未校正系统几乎处于临界稳定状态。

② 编程计算滞后校正网络的传递函数。(请自编程序)

③ 程序运行后得到校正网络的传递函数 $G_c(s)=\frac{7.937s+1}{36.51s+1}$，校正后系统的开环传递函数为

$$G(s)=\frac{55.56s+7}{3.042s^4+24.42s^3+37.18s^2+s}$$

由 Bode 图可得校正后系统的增益裕度 $20\lg K_g=13.823$ dB，穿越频率 $\omega_g=3.3483$ rad/s，相位裕度 $\gamma=41.347°$，剪切频率 $\omega_c=1.2645>1$ rad/s，故校正满足要求。

【自我实践 4-3】 原系统开环传递函数

$$G_o(s)=\frac{K(0.5s+1)}{s(s+1)(0.2s+1)(0.1s+1)}$$

要求校正后系统的开环增益 $K=8$，相位裕度 $\gamma\geq35°$，增益裕度 $20\lg K_g\geq6$ dB，设计串联滞后校正装置。考虑能否用超前校正，若能则设计串联超前装置。

4. 实验数据记录

将实验的曲线保存在 Word 软件中。以备写实验报告使用，稳定裕度数据记录在曲线图的下方。要求每条曲线注明传递函数，分析后做出实验结论。

5. 实验能力要求

(1) 熟练掌握频率法设计控制系统串联有源和无源滞后校正网络的方法。

(2) 熟练使用 MATLAB 编程完成系统串联滞后校正设计，明确滞后校正的效果。

6. 拓展与思考

了解串联滞后校正环节对系统稳定性及过渡过程的影响。

4.3 基于 MATLAB 控制系统的频率法串联超前-滞后校正设计

1. 实验目的

(1) 掌握串联超前-滞后校正装置的作用和用途。

（2）掌握频率法串联超前-滞后校正设计的方法。

（3）熟练运用MATLAB求解校正装置传递函数的程序设计。

2. 实验原理

1）超前-滞后校正原理

串联超前-滞后校正综合应用了滞后和超前校正各自的特点，即利用校正装置的超前部分增大系统的相位裕度，以改善其动态性能；利用滞后部分改善系统的静态性能，两者分工明确，相辅相成。这种校正方法兼有滞后校正和超前校正的优点，即已校正系统响应速度快，超调量小，抑制高频噪声的性能也较好。当未校正系统不稳定，且对校正后的系统的动态和静态性能（响应速度、相位裕度和稳态误差）均有较高要求时，宜采用串联超前-滞后校正。

2）超前-滞后校正网络

（1）无源超前-滞后校正网络。如图4-9所示为常用的串联无源超前-滞后校正网络，其传递函数为

$$G_c(s)=\frac{T_1s+1}{aT_1s+1}\times\frac{T_2s+1}{\frac{T_2}{a}s+1},\quad R_1C_1+R_2C_2+R_1C_2=aT_1+\frac{T_1}{a}\text{ 且 }a>1$$

式中，$T_1=R_1C_1$，$T_2=R_2C_2$，且 $T_1>T_2$，$\omega_1=\frac{1}{\sqrt{T_1T_2}}$，$\frac{T_1s+1}{aT_1s+1}$为滞后网络部分，$\frac{T_2s+1}{\frac{T_2}{a}s+1}$为超前网络部分。

在 $\omega<\omega_1$ 的频段，校正网络具有相位滞后特性；在 $\omega>\omega_1$ 的频段，校正网络具有相位超前特性。

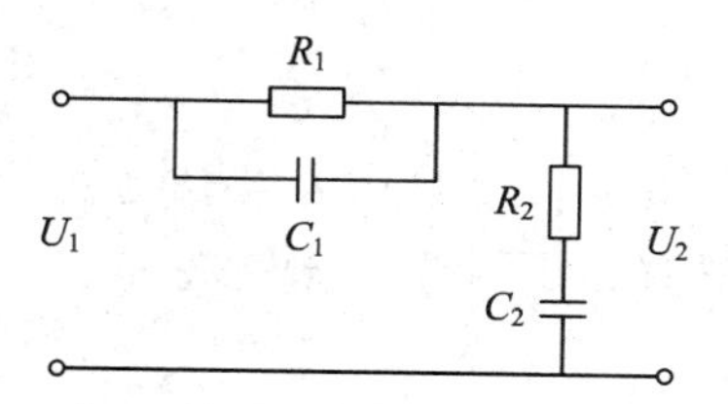

图4-9　串联无源超前-滞后校正网络

（2）有源超前-滞后校正网络。如图4-10所示为常用的串联有源超前-滞后网络，其传递函数为

$$G_c(s)=K\times\frac{T_2s+1}{aT_2s+1}\times\frac{T_1s+1}{\frac{T_1}{a}s+1},\quad a=\frac{R_3+R_4}{R_3}>1$$

式中，$T_1=(R_1+R_2)C_1$，$T_2=R_3C_2$，$K=\frac{R_4}{R_2}$，且 $R_2R_3=R_1R_4$，$\frac{T_2s+1}{aT_2s+1}$为滞后网络部分，$\frac{T_1s+1}{\frac{T_1}{a}s+1}$为超前网络部分。

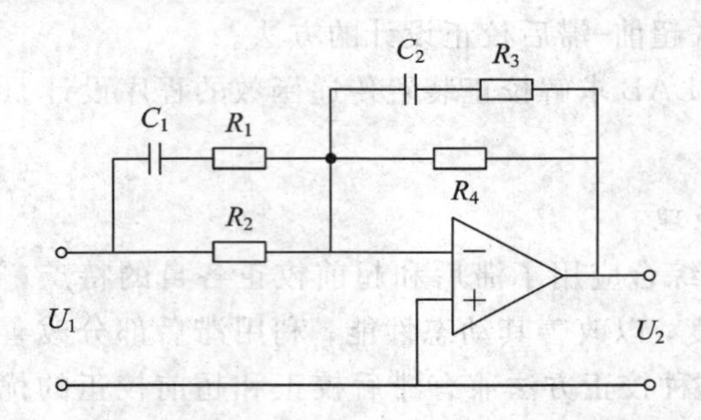

图 4-10 串联有源超前-滞后校正网络

3）串联超前-滞后校正的设计步骤

（1）根据稳态性能要求，确定开环增益 K。

（2）绘制未校正系统的对数幅频特性，求出未校正系统的截止频率 ω_c、相位裕度 γ 及增益裕度 $20\lg K_g$(dB)等。

（3）在未校正系统对数幅频特性上，选择斜率从 −20 dB/dec 变为 −40 dB/dec 的转折频率处作为校正网络超前部分的转折频率 ω_b。超前-滞后网络零极点如图 4-11 所示。这种选法可以降低已校正系统的阶次，且可保证中频区斜率为 −20 dB/dec，并占据较宽的频带。

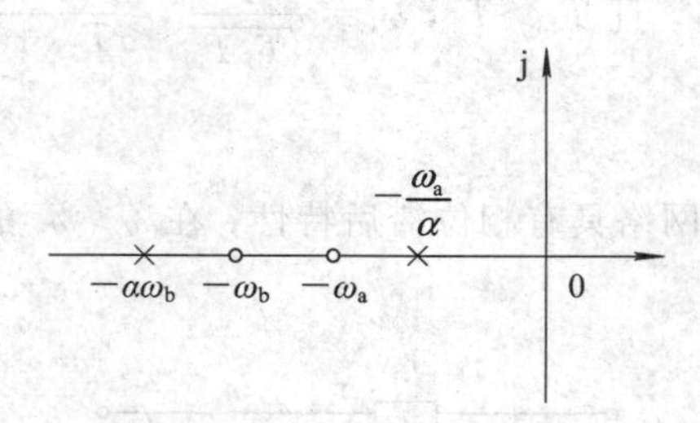

图 4-11 超前-滞后网络零极

（4）根据响应速度要求，选择系统的剪切频率 ω_c'' 和校正网络的衰减因子 $1/a$。要保证已校正系统剪切频率为所选的 ω_c''，下列等式应成立

$$-20\lg a + L'(\omega_c'') + 20\lg T_b\omega_c'' = 0$$

$-20\lg a$ 为超前-滞后网络贡献的增益衰减的最大值，$L'(\omega_c'')$ 为未校正系统的幅值量，$20\lg T_b\omega_c''$ 为超前-滞后网络超前部分在 ω_c'' 处的幅值。$L'(\omega_c'')+20\lg T_b\omega_c''$ 可由未校正系统对数幅频特性的 −20 dB/dec 延长线在 ω_c'' 处的数值确定。由此可以求出 a 值。

（5）根据相位裕度要求，估算校正网络滞后部分的转折频率 ω_a。

（6）校验已校正系统开环系统的各项性能指标。

3. 实验内容

分析控制系统的相对稳定性判别方法。

【范例 4-5】 已知一个控制系统的开环传递函数

$$G_0(s) = \frac{1600}{s(s+2)(s+40)}$$

设计相位裕度 $\gamma' \geqslant 40°$ 的控制系统，求串联超前-滞后装置的传递函数 $G_c(s)$。

【解】 ① 分析未校正系统的频域指标。使用 margin()函数求出未校正系统的频域性能指标：增益裕度 $20\lg K_g = 6.4444$ dB，穿越频率 $\omega_g = 8.9443$ rad/s，相位裕度 $\gamma = 9.3528°$，剪切频率 $\omega_c = 6.131$ rad/s。

② 确定系统要增加的相位超前角 φ_m：

$$\varphi_m = \gamma' - \gamma + \Delta = 40° - 9.35° + 6° = 36.65°$$

③ 编写 MATLAB 程序确定超前校正部分的传递函数。

④ 确定滞后校正部分的两个转折频率 ω_1 和 ω_2，求出滞后部分的传递函数。

⑤ 检验校正后系统的性能指标是否满足要求。

MATLAB 参考程序 graph4.m 如下：

```
num=1600; den=conv([1, 0], conv([1, 2], [1, 40]));
G0=tf(num, den);
[kg, gamma, wg, wc]=margin(G0);
KgdB=20*log10(kg);
w=0.001: 0.001: 100;
[mag, phase]=bode(G0, w);
disp('未校正系统的参数：20lgkg, ωc, γ'');[kgdB, wc, gamma],
gamma1=40; delta=6; phim=gamma1-gamma+delta;        %确定 φm
alpha=(1+sin(phim*pi/180))/(1-sin(phim*pi/180));    %确定 a 值
magdb=20*log10(mag);
n=find(magdb+10*log10(alpha)<=0.0001);
                                                    %找出 magdb 向量的所有下标值
wc=n(1); wcc=wc/1000;                               %ωc' 的值与 ωc 相差 1000 倍
w3=wcc/sqrt(alpha); w4=sqrt(alpha)*wcc;
Numc1=[1/w3, 1]; denc1=[1/w4, 1]; %确定超前校正部分的传递函数
Gc1=tf(numc1, denc1);
w1=wcc/10; w2=w1/alpha;                             %取 ω1=ωc'/10, ω2=ω1/α
numc2=[1/w1, 1]; denc2=[1/w2, 1];
Gc2=tf(numc2, denc2);                               %确定滞后校正部分的传递函数
Gc=Gc1*Gc2;                                         %确定串联超前-滞后校正网络的传递函数
G=Gc*G0;                                            %校正后系统的开环传递函数
[Gmc, Pmc, Wcgc, Wcpc]=margin(G);
GmcdB=20*log10(Gmc);
disp('超前校正部分的传递函数'), Gc1,
disp('滞后校正部分的传递函数'), Gc2,
disp('串联超前-滞后校正网络的传递函数'), Gc,
disp('校正后系统的开环传递函数'), G,
disp('校正后系统的性能参数：20lgKgωc, γ及α值'), [GmcdB, Wcpc, Pmc, alpha]
bode(G0, G)
```

执行程序后，得到校正前后的 Bode 图，如图 4-12 所示。

超前校正部分的传递函数

$$G_{c1}(s) = \frac{0.2286s + 1}{0.0577s + 1}$$

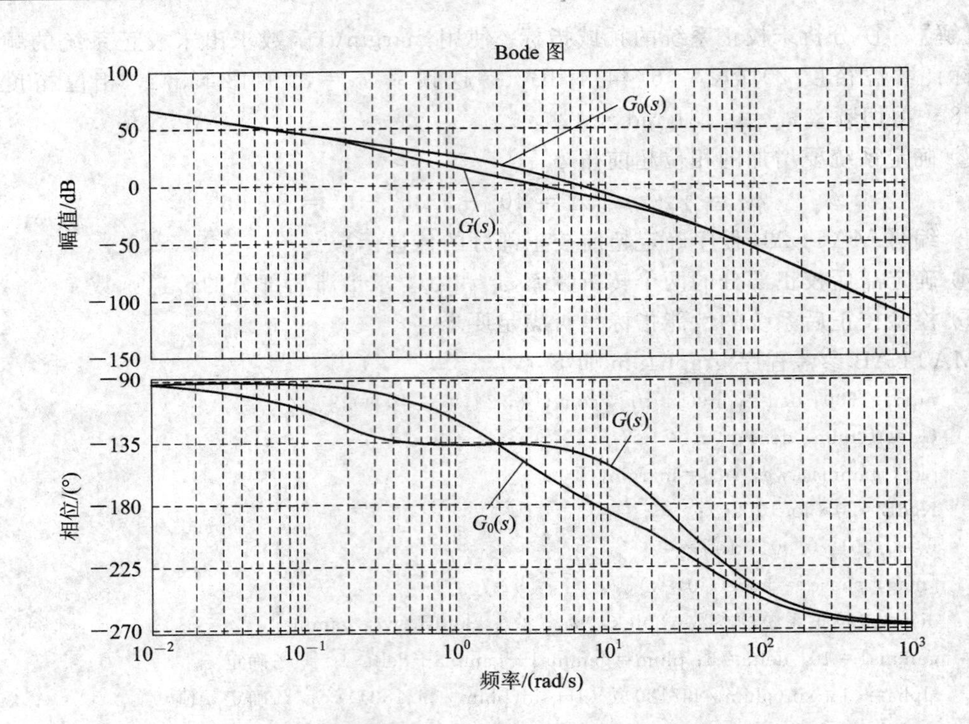

图 4-12 校正前后的 Bode 图

滞后校正部分的传递函数

$$G_{c2}(s)=\frac{1.148s+1}{4.549s+1}$$

串联超前-滞后校正装置的传递函数

$$G_c(s)=\frac{0.2625s^2+1.377s+1}{0.2625s^2+4.607s+1}$$

校正后整个系统的传递函数

$$G(s)=\frac{420s^2+2203s+1600}{0.2625s^5+15.63s^4+215.5s^3+410.5s^2+80s}$$

校正后系统的增益裕度 $20\lg K_g=25.379$ dB，穿越频率 $\omega_g=22.8372$ rad/s，相位裕度 $\gamma=41.77°$，剪切频率 $\omega_c=3.9614$ rad/s。设计结果满足系统要求。

⑥ 确定超前-滞后校正网络的组件值。

$$T_1=1.148\text{s},\ T_2=0.2286\text{s},\ \alpha=3.9614$$

又

$$R_1C_1+R_2C_2+R_1C_2=\alpha T_1+\frac{T_2}{\alpha}$$

$$T_1=R_1C_1,\ T_2=R_2C_2$$

可推导出

$$R_1=\frac{T_1}{C_1},\ C_2=\left[(\alpha-1)+\frac{1-\alpha}{\alpha}\frac{T_2}{T_1}\right]C_1,\ R_2=\frac{T_2}{C_2}$$

现取 $C_1=10\ \mu$F，则可计算出：$R_1=114.8$ kΩ，$R_2=8.128$ kΩ，$C_2=2.8125\ \mu$F。最后将组件值标准化，R_1 取 120 kΩ，R_2 取 8.2 kΩ，C_2 取 28.125 μF。

【自我实践 4-4】 有一个单位负反馈控制系统，如果控制对象的传递函数为

$$G_p(s) = \frac{K}{s(s+4)}$$

试设计一个串联超前-滞后校正装置，设计要求：

① 相位裕度 $\gamma \geqslant 45°$。

② 当系统的输入信号是单位斜坡信号时，稳态误差 $e_{ss} \leqslant 0.04$。

③ 要求校正后的系统和未校正的系统在高频段的 Bode 图曲线形状基本一致。

④ 确定该串联超前-滞后校正装置的组件数据。

⑤ 要求绘制出校正前、后系统的 Bode 图及其闭环系统的单位阶跃响应曲线，并进行对比。

【自我实践 4-5】 已知单位负反馈系统被控对象的传递函数为

$$G_0(s) = K_0 \frac{1}{s(s+1)(s+2)}$$

试设计超前-滞后串联校正装置，使之满足：

① 在单位斜坡信号 $r(t)=t$ 作用下，系统的速度误差系数 $K_v = 10\ s^{-1}$。

② 系统校正后的剪切频率 $\omega_c \geqslant 1.5$ rad/s，相位稳定裕度 $\gamma \geqslant 45°$。

4. 实验数据记录

将实验的曲线保存在 Word 软件中，以备写实验报告使用，稳定裕度数据记录在曲线图的下方。要求每条曲线注明传递函数，分析后作出实验结论。

5. 实验能力要求

(1) 熟练掌握频率法设计控制系统串联超前-滞后校正网络的方法。

(2) 熟练使用 MATLAB 编程完成系统串联超前-滞后校正设计。

(3) 比较串联超前校正、串联滞后校正及串联超前-滞后校正的效果，要求分别从时域和频域两个方面论证它们的优缺点。

6. 拓展与思考

运用 MATLAB 编程进行根轨迹超前、滞后校正设计。

4.4　连续系统 PID 控制器设计及其参数整定

1. 实验目的

(1) 掌握 PID 控制规律及控制器实现。

(2) 对给定系统合理地设计 PID 控制器。

(3) 掌握对给定控制系统进行 PID 控制器参数在线实验工程整定的方法。

2. 实验原理

在串联校正中，比例控制可提高系统开环增益，减小系统稳态误差，提高系统的控制精度，但会降低系统的相对稳定性，甚至可能造成闭环系统不稳定。积分控制可以提高系统的型别(无差度)，有利于提高系统稳态性能，即积分控制增加了一个位于原点的开环极点，使信号产生 90°的相位滞后，对系统的稳定不利，故不宜采用单一的积分控制器。微分控制能反映输入信号的变化趋势，产生有效的早期修正信号，以增加系统的阻尼程度，从而改善系统的稳定性，即微分控制增加了一个$(-1/\tau)$的开环零点，使系统的相角裕度提高，有助于系统动态性能的改善。

在串联校正中，PI控制器增加了一个位于原点的开环极点，同时也增加了一个位于s左半平面的开环零点。位于原点的开环极点可以提高系统的型别（无差度），减小稳态误差，有利于提高系统稳态性能；负的开环零点可以减小系统的阻尼，缓和PI极点对系统产生的不利影响。只要积分时间常数T_i足够大，PI控制器对系统的不利影响可大大减小。PI控制器主要用来改善控制系统的稳态性能。

在串联校正中，PID控制器增加了一个位于原点的开环极点和两个位于s左半平面的开环零点。除了具有PI控制器的优点外，还多了一个负实零点，动态性能比PI更具优越性。通常应使积分发生在低频段，以提高系统的稳态性能；而使微分发生在中频段，以改善系统的动态性能。

PID控制器传递函数为$G_c(s)=K_p\left(1+\frac{1}{T_i s}+T_d s\right)$，工程PID控制器仪表中比例参数整定常用比例度$\delta\%$，$\delta\%=\frac{1}{K_p}\times100\%$。

3. 实验内容

1) Ziegler－Nichols整定-反应曲线法

反应曲线法适用于对象传递函数可近似为$\frac{K}{Ts+1}e^{-Ls}$的场合。先测出系统处于开环状态下的对象动态特性（即先输入阶跃信号，测得控制对象输出的阶跃响应曲线），如图4－13所示，然后根据动态特性估算出对象特性参数：控制对象的增益K、等效滞后时间L和等效时间常数T，然后根据表4－1中的经验值选取控制器参数。

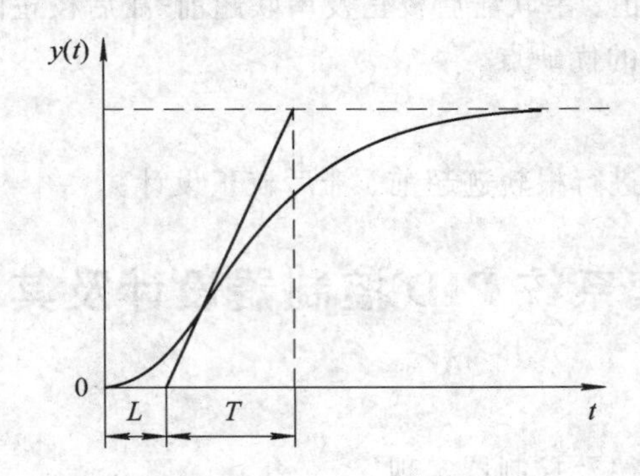

图4－13 控制对象开环动态特性

表4－1 反应曲线法PID控制器参数整定

控制器类型	比例度$\delta\%$	比例系数K_p	积分时间T_i	微分时间T_d
P	KL/T	T/KL	∞	0
PI	$1.1KL/T$	$0.9T/KL$	$L/0.3$	0
PID	$0.85KL/T$	$1.2T/KL$	$2L$	$0.5L$

【范例4－6】 已知控制对象的传递函数模型为

$$G(s)=\frac{10}{(s+1)(s+3)(s+5)}$$

试设计 PID 控制器校正，并用反应曲线法整定 PID 控制器的 K_p、T_i 和 T_d，绘制系统校正后的单位阶跃响应曲线，记录动态性能指标。

【解】 ① 求被控制对象的动态特性参数 K、L、T。

MATLAIB 参考程序 graph5. m 如下：

```
num=10;
den=conv([1, 1], conv([1, 3], [1, 5]));
G=tf(num, den); step(G);          %作开环阶跃响应曲线
K=dcgain(G)                       %求对象的增益 K
```

程序运行后，得到对象的增益 $K=0.6667$，阶跃响应曲线如图 4-14 所示，在曲线的拐点处作切线后，得到对象的待定参数：等效滞后时间 $L=0.293$ s，等效时间常数 $T=2.24-0.293=1.947$ s。

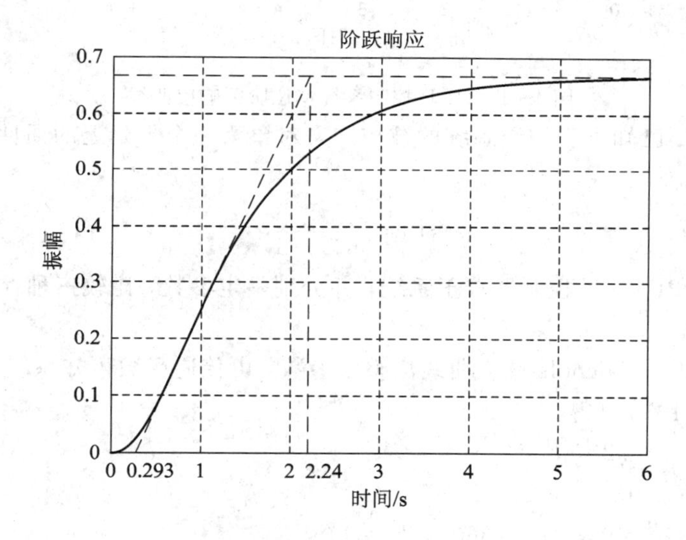

图 4-14　控制对象开环阶跃响应曲线

② 反应曲线法 PID 参数整定。

MATLAB 参考程序 graph6. m 如下：

```
num=10; den=conv([1, 1], conv([1, 3], [1, 5]));
K=0.6667; L=0.293; T=1.947;
Kp=1.2*T/(k*L);
Ti=2*L; Td=0.5*L;
Kp, Ti, Td,
s=tf('s');
Gc=Kp*(1+1/(Ti*s)+Td*s);
GcG=feedback(Gc*G, 1); step(GcG)
```

程序运行后，得到 $K_p=11.9605$，$T_i=0.586$，$T_d=0.1465$，校正后的单位阶跃响应曲线如图 4-15 所示，测出动态性能指标为 $t_r=0.294$ s，$t_p=0.82$ s，$t_s=4.97$ s，$M_p=55.9\%$。

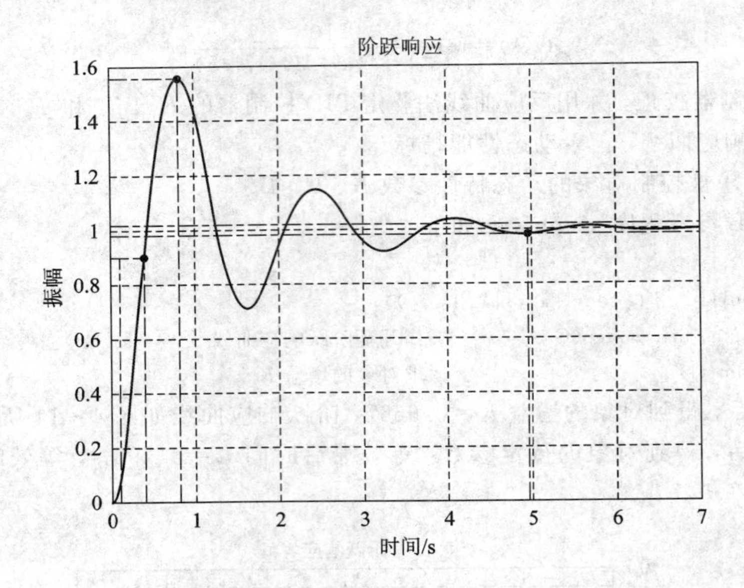

图 4-15　闭环控制系统单位阶跃响应曲线

【范例 4-7】 已知过程控制系统的被控广义对象为一个带延迟的惯性环节，其传递函数为

$$G_o(s) = \frac{8}{360s+1}e^{-180s}$$

试分别用 P、PI、PID 三种控制器校正系统，并分别整定参数，比较三种控制器作用效果。

【解】

① 根据 Ziegler-Nichols 反应曲线法整定参数，由传递函数可知系统的特性参数 $K=8$，$T=360$s，$L=108$s 可得

P 控制器：$K_p=0.25$，$K=8$。

PI 控制器：$K_p=0.225$，$T_i=594$s。

PID 控制器：$K_p=0.3$，$T_i=360$s，$T_d=90$ s。

② 作出校正后系统的单位阶跃响应曲线，比较三种控制器的作用效果。

对于具有时滞对象的系统，不能采用 feedback 和 step 等函数进行反馈连接来组成闭环系统和计算闭环系统阶跃响应，因此采用 Simulink 软件仿真得到单位响应曲线，系统结构图如图 4-16 所示。由于本系统滞后时间较长，故仿真运行时间设置为 3000 s，分别使用三种控制器校正后系统的单位阶跃响应曲线如图 4-17 所示。

测量其动态性能指标可得：

只有 P 控制器：超调量 $M_p=42.6\%$，调节时间 $t_s=1310$ s，存在稳态误差 $e_{ss}=1-0.666=0.334$。

只有 PI 控制器：超调量 $M_p=17.5\%$，峰值时间 $t_p=540$ s，调节时间 $t_s=1950$ s，$e_{ss}=0$。

只有 PID 控制器：超调量 $M_p=33\%$，峰值时间 $t_p=420$ s，调节时间 $t_s=1410$ s，$e_{ss}=0$。

【分析】 比较三条响应曲线可以看出：P 和 PID 控制器校正后系统响应速度基本相同（调节时间 t_s 近似相等），但是 P 控制器校正会产生较大的稳态误差，而 PI 控制器能消除静差，而且超调量较小。PID 控制器校正后系统响应速度最快，但超调量最大。

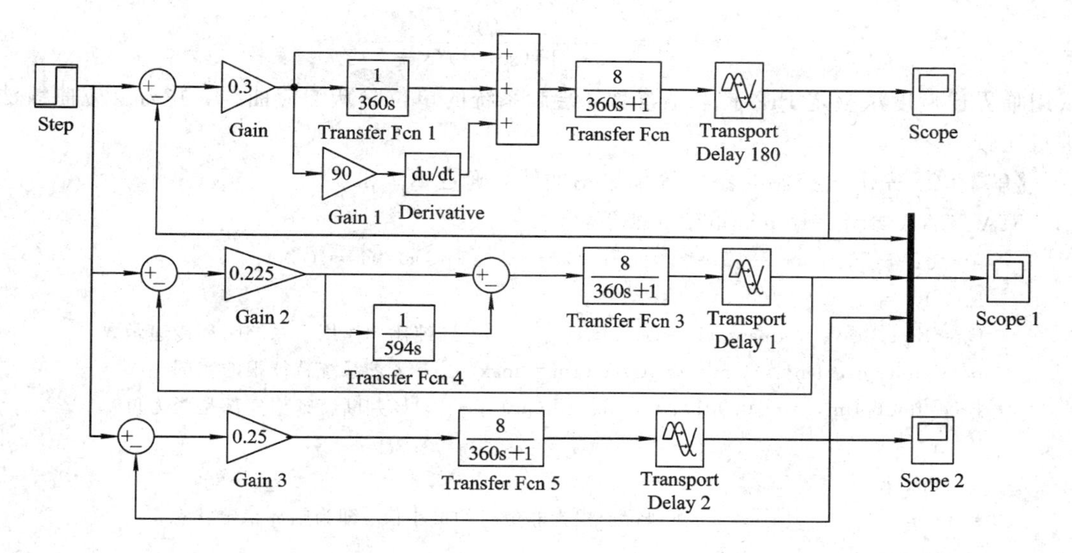

图 4-16　系统 Simulink 结构图

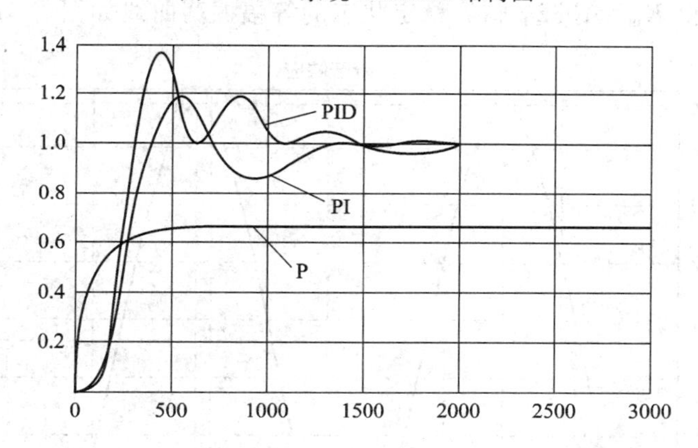

图 4-17　校正后系统的单位阶跃响应曲线

2) Ziegler-Nichols 整定-临界比例度法

临界比例度法适用于已知对象传递函数的场合，用系统的等幅振荡曲线来整定控制器的参数。使系统(闭环)只受纯比例作用，将积分时间调到最大($T_i=\infty$)，微分时间调到最小($T_d=0$)，先将比例增益 K 的值调到较小值，然后逐渐增大 K 值，直到系统到达等幅振荡的临界稳定状态，此时比例增益的 K 作为临界比例 K_m，等幅振荡周期为临界周期 T_m，临界比例度为 $\delta_k=\frac{1}{K_m}\times100\%$，根据表 4-2 中的经验值可整定 PID 控制器的参数。

表 4-2　临界比例度法 PID 控制器参数整定

控制器类型	K_p	T_i	T_d
P	$0.5K_m$	∞	0
PI	$0.45K_m$	$\frac{T_m}{1.2}$	0
PID	$0.6K_m$	$0.5T_m$	$0.125T_m$

【范例 4-8】 已知被控对象传递函数

$$G(s)=\frac{10}{(s+1)(s+3)(s+5)}$$

试用临界比例度法整定 PID 控制器参数，绘制系统的单位阶跃响应曲线，并与反应曲线法进行比较。

【解】 ① 先求出控制对象的等幅振荡曲线，确定 K_m 和 T_m。

MATLAB 参考程序 graph7.m 如下：

```
k=10; z=[]; p =[-1, -3, -5 ]; GO=zpk(z, p, k); G=tf(GO);
for  Km= 0: 0.1: 10000
GC=Km ; syso=feedback(GC * G, 1);              %纯比例作用下系统闭环传递函数
p=roots(syso.den{1}); pr=real(p); prm= max(pr); %求系统特征根的实部
Pr0=find(prm>=- 0.001); n = length(pr0);       %判断特征根实部是否为负
if  n>=1
   break
end, end                        %找到特征根为非负时的最小值，即为临界稳定状态
step(syso, 0:0.001:3); Km
```

程序运行后可得 $K_m=19.2$，临界稳定状态的等幅振荡曲线如图 4-18 所示。

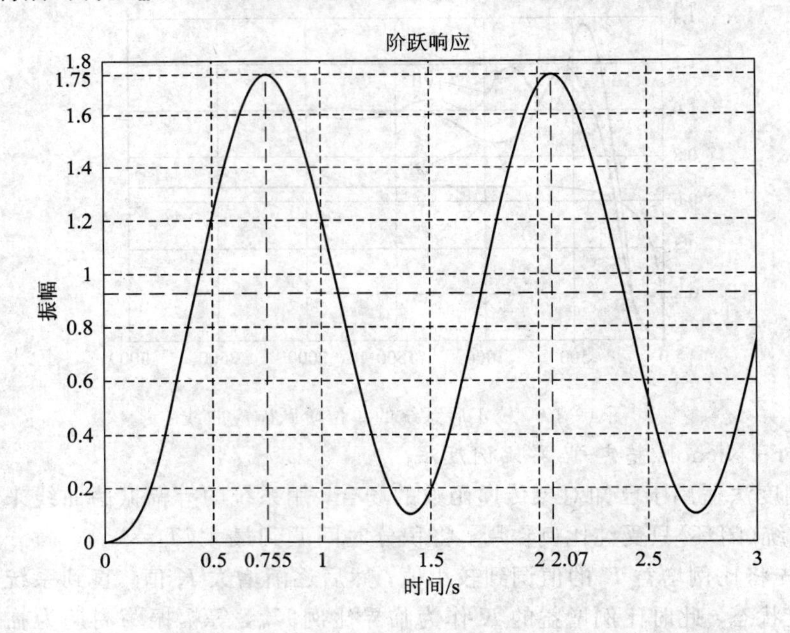

图 4-18　控制系统等幅振荡曲线

从图中测得两峰值之间的间隔周期即为临界周期 $T_m=2.07-0.755=1.315$ s。

② 整定 K_p、T_i、T_d，并分析结果。

MATLAB 参考程序 graph8.m 如下：

```
k=10; z=[]; p=[-1, -3, -5];
Go=zpk(z, p, k); G=tf(Go);
Km=19.2; Tm=1.315;
Kp=0.6 * Km ; Ti=0.5 * Tm ; Td=0.125 * Tm ;
Kp , Ti , Td ,
```

```
s=tf('s');
Gc=Kp*(1+1/(Ti*s)+Td*s);
sys=feedback(Gc*G, 1); step(sys)
```

程序运行后可得到 $K_p=11.52$，$T_i=0.6575$，$T_d=0.1644$。

PID 控制器校正后响应曲线如图 4－19 所示，可测出系统动态性能参数，$t_r=0.302$ s，$t_p=0.79$ s，$t_s=3.15$ s，$M_p=47\%$。

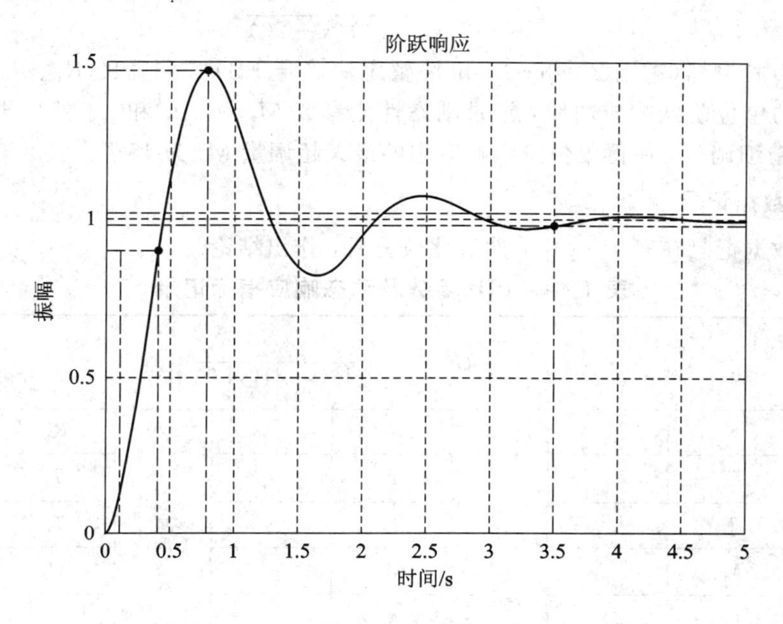

图 4－19　PID 控制器校正后响应曲线

【分析】临界比例度法和反应曲线法两种整定控制器的方法都将使闭环系统的超调量变大，只是采用临界比例度法比采用反应曲线法整定后系统调节时间有缩短。这是临界比例度整定法的优势，但是它要求被整定系统在 3 阶或 3 阶以上，且允许系统处于等幅振荡的工作状态。

3）衰减曲线整定法

衰减曲线整定法根据衰减特性整定控制器参数。先在纯比例控制作用下调整比例度，获得闭环系统在衰减比为 4∶1 下的比例度 δ_s 和上升时间 t_r，然后根据表 4－3 确定 PID 控制器参数。衰减曲线整定法对生产过程的影响较小，因此被广泛采用。

表 4－3　衰减曲线整定法整定控制器参数

控制器类型	$\delta_s\%$	T_i	T_d
P	δ_s	∞	0
PI	$1.2\delta_s$	$2t_r$	0
PID	$0.8\delta_s$	$1.2t_r$	$0.4t_r$

【自我实践 4－6】　控制系统仍为

$$G(s)=\frac{10}{(s+1)(s+3)(s+5)}$$

中的控制系统，试用衰减曲线法整定 PID 参数，并比较三种控制器的作用效果。

【提示】使用 Simulink 软件仿真观察系统响应曲线。先在纯比例控制作用下调整比例度，比例度选用 Solid Gain 模块，拖曳滑块，观察系统响应曲线，当(第一峰值)∶(第二峰值)=4∶1 时，记录此时的比例度，然后选择控制器类型整定参数，比较控制效果。

【自我实践 4-7】 已知单位负反馈系统的开环传递函数

$$G(s)=\frac{1}{s(s+1)(s+20)}$$

设计一个 PID 控制器(采用 Ziegler-Nichols 整定法确定 PID 控制器的 K_p、T_i、T_d 的值)，并求出系统的单位阶跃响应曲线，记录动态性能参数 M_p、t_r、t_p 和 t_s。然后再对参数 K_p、T_i、T_d 进行精细调整，使得单位阶跃响应中的最大超调量 M_p 为 15%。

4. 实验数据记录

将实验数据记录在表 4-4 中，然后比较分析，作出结论。

表 4-4 PID 参数及动态响应指标记录

传递函数	$G(s)=\frac{10}{(s+1)(s+3)(s+5)}$							
反应曲线法	K_p		临界比例度法	K_p		衰减曲线法	K_p	
	T_i			T_i			T_i	
	T_d			T_d			T_d	
	M_p			M_p			M_p	
	t_p			t_p			t_p	
	t_s			t_s			t_s	

5. 实验能力要求

(1) 掌握 PID 控制器的控制规律。

(2) 熟练运用 MATLAB/Simulink 软件仿真实现 PID 控制器参数整定。

(3) 学会利用反应曲线法、临界比例度法和衰减曲线法进行 PID 控制器参数整定。

本章思考题

(1) 比较 P、PI、PID 三种控制器对系统的校正效果，总结它们的优缺点及应用场合。

(2) 如何动态地改进 PID 参数的整定?

第 5 章　直线倒立摆建模、仿真及实验

5.1　直线一级倒立摆

倒立摆控制系统是涵盖机器人技术、控制理论、计算机控制等多个领域的典型控制系统。该系统具有绝对不稳定、高阶次、多变量、强耦合、非线性的特点。因此该系统作为控制理论研究中的一种比较理想的实验手段，为自动控制理论的教学、实验和科研构建一个良好的实验平台，可以用来检验某种控制理论或方法的典型方案，促进了控制系统新理论、新思想的发展。本章及第 6 章以固高公司开发的 GLIP2002 直线倒立摆系统作为仿真对象，系统包括由同步带驱动的小车及倒立摆摆体组件，可通过电机编码器和角度编码器反馈小车和摆杆的位置。如图 5－1 所示为直线倒立摆实物图。直线一级倒立摆由直线运动模块和一级摆体组件组成，是最常见的倒立摆之一。

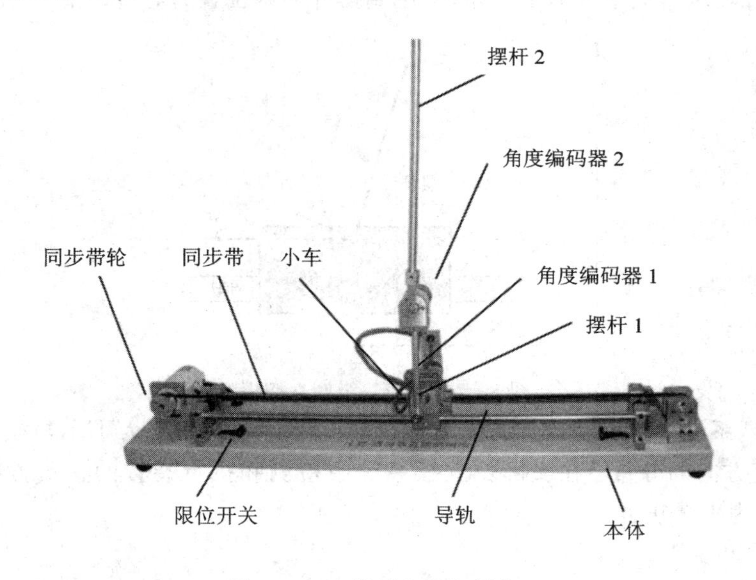

图 5－1　直线倒立摆各部分

5.1.1　直线一级倒立摆的物理模型

机械系统建模可以分为两种：机理建模和实验建模。实验建模就是通过在研究对象上加上一系列的研究者事先确定的输入信号，激励研究对象并通过传感器检测其可观测的输出，应用数学手段建立起系统的输入-输出关系。其包括输入信号的设计选取，输出信号的精确检测，数学算法的研究等等内容。机理建模就是在了解研究对象运动规律的基础上，通过物理、力学的知识和数学手段建立起系统内部的输入-状态关系。

对于倒立摆系统，由于其本身是自不稳定的系统，实验建模存在一定的困难。但是忽略掉一些次要的因素后，倒立摆系统就是一个典型的运动刚体系统，可以在惯性坐标系内应用经典力学理论建立系统的动力学方程。下面采用牛顿-欧拉方法和拉格朗日方法建立直线型一级倒立摆系统的数学模型。

1. 微分方程的推导

1）牛顿力学方法

在忽略空气阻力和各种摩擦之后，可将直线一级倒立摆系统抽象成小车和匀质杆组成的系统，如图 5－2 所示。不妨做以下假设：

M　小车质量
m　摆杆质量
b　小车摩擦系数
l　摆杆转动轴心到杆质心的长度
I　摆杆惯量
F　加在小车上的力
x　小车位置
φ　摆杆与垂直向上方向的夹角
θ　摆杆与垂直向下方向的夹角（考虑到摆杆初始位置为竖直向下）

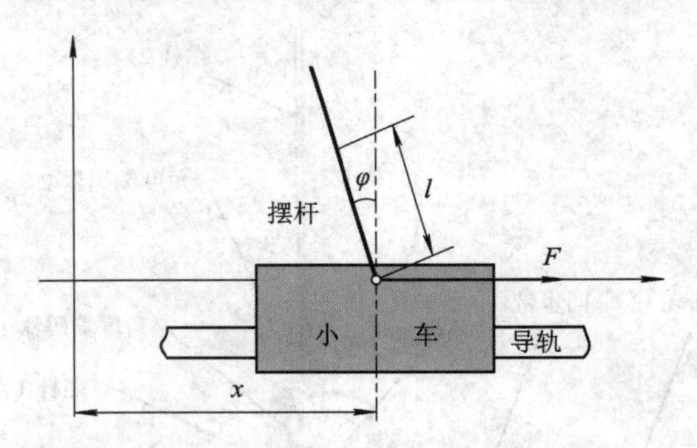

图 5－2　直线一级倒立摆模型

图 5－3 是系统中小车和摆杆的受力分析图。其中，N 和 P 为小车与摆杆相互作用力的水平和垂直方向的分量。在实际倒立摆系统中检测和执行装置的正负方向已经完全确定，图示方向为矢量正方向。

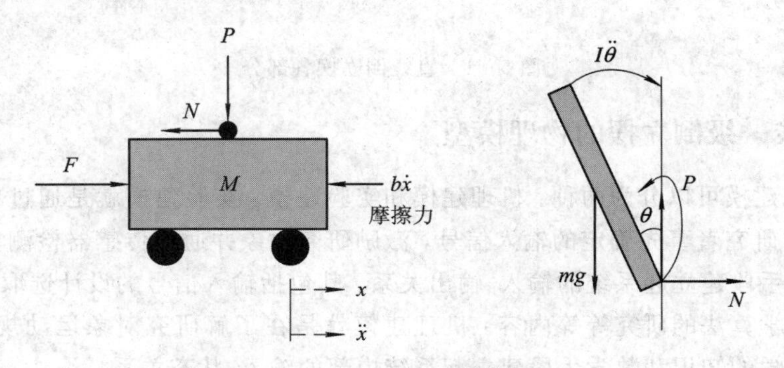

图 5－3　小车及摆杆受力分析

分析小车水平方向所受的合力，可以得到以下方程

$$M\ddot{x} = F - b\dot{x} - N \tag{5-1}$$

由摆杆水平方向的受力进行分析可以得到下面等式

$$N = m\frac{\mathrm{d}^2}{\mathrm{d}t^2}(x + l\sin\theta) \tag{5-2}$$

即

$$N = m\ddot{x} + ml\ddot{\theta}\cos\theta - ml\dot{\theta}^2\sin\theta \tag{5-3}$$

把式(5-3)代入式(5-1)中，就得到系统的第一个运动方程

$$(M+m)\ddot{x} + b\dot{x} + ml\ddot{\theta}\cos\theta - ml\dot{\theta}^2\sin\theta = F \tag{5-4}$$

为了推出系统的第二个运动方程，对摆杆垂直方向上的合力进行分析，可以得到下面方程

$$P - mg = m\frac{\mathrm{d}^2}{\mathrm{d}t^2}(l\cos\theta) \tag{5-5}$$

$$P - mg = -ml\ddot{\theta}\sin\theta - ml\dot{\theta}^2\cos\theta \tag{5-6}$$

力矩平衡方程如下

$$-Pl\sin\theta - Nl\cos\theta = I\ddot{\theta} \tag{5-7}$$

注意：此方程中力矩的方向，由于 $\theta=\pi+\varphi$，$\cos\varphi=-\cos\theta$，$\sin\varphi=-\sin\theta$，故等式前面有负号。

合并这两个方程，约去 P 和 N，得到第二个运动方程

$$(I+ml^2)\ddot{\theta} + mgl\sin\theta = -ml\ddot{x}\cos\theta \tag{5-8}$$

设 $\theta=\pi+\varphi$（φ 是摆杆与垂直向上方向之间的夹角），假设 φ 与 1（单位是弧度）相比很小，即 $\varphi\ll 1$，则可以进行近似处理：$\cos\theta=-1$，$\sin\theta=-\varphi$，$(\mathrm{d}\theta/\mathrm{d}t)^2=0$。用 u 来代表被控对象的输入力 F，线性化后两个运动方程如下

$$\begin{cases}(I+ml^2)\ddot{\varphi} - mgl\varphi = ml\ddot{x} \\ (M+m)\ddot{x} + b\dot{x} - ml\ddot{\varphi} = u\end{cases} \tag{5-9}$$

对式(5-9)进行拉普拉斯变换，得到

$$\begin{cases}(I+ml^2)\Phi(s)s^2 - mgl\Phi(s) = mlX(s)s^2 \\ (M+m)X(s)s^2 + bX(s)s - ml\Phi(s)s^2 = U(s)\end{cases} \tag{5-10}$$

注意：推导传递函数时假设初始条件为 0。

由于输出为角度 φ，求解方程组的第一个方程，可以得到

$$X(s) = \left[\frac{(I+ml^2)}{ml} - \frac{g}{s^2}\right]\Phi(s) \tag{5-11}$$

或

$$\frac{\Phi(s)}{X(s)} = \frac{mls^2}{(I+ml^2)s^2 - mgl} \tag{5-12}$$

如果令 $v=\ddot{x}$，则有

$$\frac{\Phi(s)}{V(s)} = \frac{ml}{(I+ml^2)s^2 - mgl} \tag{5-13}$$

把式(5-13)代入方程组(5-10)的第二个方程，得到

$$(M+m)\left[\frac{(I+ml^2)}{ml} - \frac{g}{s}\right]\Phi(s)s^2 + b\left[\frac{(I+ml^2)}{ml} + \frac{g}{s^2}\right]\Phi(s)s - ml\Phi(s)s^2 = U(s) \tag{5-14}$$

整理后得到传递函数

$$\frac{\Phi(s)}{U(s)}=\frac{\frac{ml}{q}s^2}{s^4+\frac{b(I+ml^2)}{q}s^3-\frac{(M+m)mgl}{q}s^2-\frac{bmgl}{q}s} \tag{5-15}$$

其中，$q=[(M+m)(I+ml^2)-(ml)^2]$。

设系统状态空间方程为

$$\begin{aligned}\dot{X}&=AX+Bu\\ Y&=CX+Du\end{aligned} \tag{5-16}$$

方程组对 $\ddot{x}$，$\ddot{\varphi}$ 解代数方程，得到解如下：

$$\begin{cases}\dot{x}=\dot{x}\\ \ddot{x}=\dfrac{-(I+ml^2)b}{I(M+m)+Mml^2}\dot{x}+\dfrac{m^2gl^2}{I(M+m)+Mml^2}\varphi+\dfrac{(I+ml^2)}{I(M+m)+Mml^2}u\\ \dot{\varphi}=\dot{\varphi}\\ \ddot{\varphi}=\dfrac{-mlb}{I(M+m)+Mml^2}\dot{x}+\dfrac{mgl(M+m)}{I(M+m)+Mml^2}\varphi+\dfrac{ml}{I(M+m)+Mml^2}u\end{cases} \tag{5-17}$$

整理后得到系统状态空间方程

$$\begin{bmatrix}\dot{x}\\ \ddot{x}\\ \dot{\varphi}\\ \ddot{\varphi}\end{bmatrix}=\begin{bmatrix}0 & 1 & 0 & 0\\ 0 & \dfrac{-(I+ml^2)b}{I(M+m)+Mml^2} & \dfrac{m^2gl^2}{I(M+m)+Mml^2} & 0\\ 0 & 0 & 0 & 1\\ 0 & \dfrac{-mlb}{I(M+m)+Mml^2} & \dfrac{mgl(M+m)}{I(M+m)+Mml^2} & 0\end{bmatrix}\begin{bmatrix}x\\ \dot{x}\\ \varphi\\ \dot{\varphi}\end{bmatrix}+\begin{bmatrix}0\\ \dfrac{I+ml^2}{I(M+m)+Mml^2}\\ 0\\ \dfrac{ml}{I(M+m)+Mml^2}\end{bmatrix}u$$

$$y=\begin{bmatrix}x\\ \varphi\end{bmatrix}=\begin{bmatrix}1 & 0 & 0 & 0\\ 0 & 0 & 1 & 0\end{bmatrix}\begin{bmatrix}x\\ \dot{x}\\ \varphi\\ \dot{\varphi}\end{bmatrix}+\begin{bmatrix}0\\ 0\end{bmatrix}u \tag{5-18}$$

由式(5-9)的第一个方程

$$(I+ml^2)\ddot{\varphi}-mgl\varphi=ml\ddot{x}$$

对于质量均匀分布的摆杆有

$$I=\frac{1}{3}ml^2$$

于是可以得到

$$\left(\frac{1}{3}ml^2+ml^2\right)\ddot{\varphi}-mgl\varphi=ml\ddot{x}$$

化简得到

$$\ddot{\varphi}=\frac{3g}{4l}\varphi+\frac{3}{4l}\ddot{x} \tag{5-19}$$

设 $X=\{x,\ \dot{x},\ \varphi,\ \dot{\varphi}\}$，$u'=\ddot{x}$ 则有

$$\begin{bmatrix}\dot{x}\\ \ddot{x}\\ \dot{\varphi}\\ \ddot{\varphi}\end{bmatrix}=\begin{bmatrix}0&1&0&0\\0&0&0&0\\0&0&0&1\\0&0&\frac{3g}{4l}&0\end{bmatrix}\begin{bmatrix}x\\ \dot{x}\\ \varphi\\ \dot{\varphi}\end{bmatrix}+\begin{bmatrix}0\\1\\0\\ \frac{3}{4l}\end{bmatrix}u'$$

$$y=\begin{bmatrix}x\\ \varphi\end{bmatrix}=\begin{bmatrix}1&0&0&0\\0&0&1&0\end{bmatrix}\begin{bmatrix}x\\ \dot{x}\\ \varphi\\ \dot{\varphi}\end{bmatrix}+\begin{bmatrix}0\\0\end{bmatrix}u' \tag{5-20}$$

另外，也可以利用MATLAB中的tf2ss命令对式(5-13)进行转化，求得上述状态方程。

2) 拉格朗日方法

下面采用拉格朗日方程建模。拉格朗日方程为

$$L(q,\dot{q})=T(q,\dot{q})-V(q,\dot{q}) \tag{5-21}$$

其中，L为拉格朗日算子，q为系统的广义坐标，T为系统的动能，V为系统的势能。

$$\frac{\mathrm{d}}{\mathrm{d}t}\frac{\partial L}{\partial \dot{q}_i}-\frac{\partial L}{\partial q_i}=f_i \tag{5-22}$$

其中，$i=1, 2, 3, \cdots, n$，f_i为系统在第i个广义坐标上的外力。

首先计算系统的动能：

$$T=T_M+T_m$$

其中，T_M，T_m分别为小车和摆杆1的动能。

小车的动能：

$$T_M=\frac{1}{2}M\dot{x}^2$$

下面计算摆杆的动能：

$$T_m=T'_m+T''_m$$

其中T'_m，T''_m分别为摆杆的平动动能和转动动能。

设变量$xpend$为摆杆质心横坐标，$ypend$为摆杆质心纵坐标，则有

$$xpend=x-l\sin\varphi$$

$$ypend=l\cos\varphi$$

摆杆的动能为

$$T'_m=\frac{1}{2}m\left(\left(\frac{\mathrm{d}(xpend)}{\mathrm{d}t}\right)^2+\left(\frac{\mathrm{d}(ypend)}{\mathrm{d}t}\right)^2\right)$$

$$T''_m=\frac{1}{2}J_p\dot{\theta}_2^2=\frac{1}{6}ml^2\dot{\varphi}^2$$

于是有系统的总动能

$$T_m=T'_m+T''_m=\frac{1}{2}m\left(\left(\frac{\mathrm{d}(xpend)}{\mathrm{d}t}\right)^2+\left(\frac{\mathrm{d}(ypend)}{\mathrm{d}t}\right)^2\right)+\frac{1}{6}ml^2\dot{\varphi}^2$$

系统的势能为

$$V=V_m=m\times g\times ypend=mgl\cos\varphi$$

由于系统在 φ 广义坐标下只有摩擦力作用，所以有

$$\frac{\mathrm{d}}{\mathrm{d}t}\frac{\partial L}{\partial \dot{\varphi}}-\frac{\partial L}{\partial \varphi}=b\dot{x}$$

对于直线一级倒立摆系统，系统状态变量为 $\{x, \varphi, \dot{x}, \dot{\varphi}\}$。为求解状态方程

$$\begin{cases}\dot{X}=AX+Bu' \\ Y=CX\end{cases}$$

需要求解 $\ddot{\varphi}$，因此设 $\ddot{\varphi}=f(x, \varphi, \dot{x}, \dot{\varphi}, \ddot{x})$，将其在平衡位置附近进行泰勒级数展开，并线性化，可以得到

$$\ddot{\varphi}=k_{11}x+k_{12}\varphi+k_{13}\dot{x}+k_{14}\dot{\varphi}+k_{15}\ddot{x}$$

其中，$k_{11}=\left.\frac{\partial f}{\partial x}\right|_{x=0,\varphi=0,\dot{x}=0,\dot{\varphi}=0,\ddot{x}=0}$，$k_{12}=\left.\frac{\partial f}{\partial \varphi}\right|_{x=0,\varphi=0,\dot{x}=0,\dot{\varphi}=0,\ddot{x}=0}$，$k_{13}=\left.\frac{\partial f}{\partial \dot{x}}\right|_{x=0,\varphi=0,\dot{x}=0,\dot{\varphi}=0,\ddot{x}=0}$，$k_{14}=\left.\frac{\partial f}{\partial \dot{\varphi}}\right|_{x=0,\varphi=0,\dot{x}=0,\dot{\varphi}=0,\ddot{x}=0}$，$k_{15}=\left.\frac{\partial f}{\partial \ddot{x}}\right|_{x=0,\varphi=0,\dot{x}=0,\dot{\varphi}=0,\ddot{x}=0}$。

通过利用 MATLAB 对直线一级倒立摆的建模进行计算，得到其参数 $k_{11}=0$，$k_{12}=\frac{3g}{4l}$，$k_{13}=0$，$k_{14}=0$，$k_{15}=\frac{3}{4l}$。

设 $X=\{x, \dot{x}, \varphi, \dot{\varphi}\}$，系统状态空间方程为

$$\dot{X}=AX+Bu'$$
$$y=CX+Du'$$

则有

$$\begin{bmatrix}\dot{x}\\ \ddot{x}\\ \dot{\varphi}\\ \ddot{\varphi}\end{bmatrix}=\begin{bmatrix}0&1&0&0\\0&0&0&0\\0&0&0&1\\0&0&\frac{3g}{4l}&0\end{bmatrix}\begin{bmatrix}x\\ \dot{x}\\ \varphi\\ \dot{\varphi}\end{bmatrix}+\begin{bmatrix}0\\1\\0\\ \frac{3}{4l}\end{bmatrix}u' \tag{5-23}$$

$$y=\begin{bmatrix}x\\ \varphi\end{bmatrix}=\begin{bmatrix}1&0&0&0\\0&0&1&0\end{bmatrix}\begin{bmatrix}x\\ \dot{x}\\ \varphi\\ \dot{\varphi}\end{bmatrix}+\begin{bmatrix}0\\0\end{bmatrix}u'$$

可以看出，利用拉格朗日方法和牛顿力学方法得到的状态方程的是相同的，不同之处在于，输入 u' 为小车的加速度 x''，而输入 u 为外界给小车施加的力，对于不同的输入，系统的状态方程不一样，对比较简单的直线一级倒立摆，利用牛顿力学的方法计算比较方便和快捷，但对于多级倒立摆，利用拉格朗日方法编程计算会比较方便。

2. 系统物理参数

实际系统的模型参数如下：

M 小车质量	1.096 kg
m 摆杆质量	0.109 kg
b 小车摩擦系数	0.1 N/m/s
l 摆杆转动轴心到杆质心的长度	0.25 m

I 摆杆惯量　　　0.0034 kg * m * m

3. 实际系统模型

把上述参数代入，可以得到系统的实际模型。

摆杆角度和小车位移的传递函数

$$\frac{\Phi(s)}{X(s)}=\frac{0.02725s^2}{0.0102125s^2-0.26705} \tag{5-24}$$

摆杆角度和小车加速度之间的传递函数为

$$\frac{\Phi(s)}{V(s)}=\frac{0.02725}{0.0102125s^2-0.26705} \tag{5-25}$$

摆杆角度和小车所受外界作用力的传递函数

$$\frac{\Phi(s)}{U(s)}=\frac{2.35655s}{s^3+0.0883167s^2-27.9169s-2.30942} \tag{5-26}$$

以外界作用力作为输入的系统状态方程

$$\begin{bmatrix}\dot{x}\\ \ddot{x}\\ \dot{\varphi}\\ \ddot{\varphi}\end{bmatrix}=\begin{bmatrix}0 & 1 & 0 & 0\\ 0 & -0.0883167 & 0.629317 & 0\\ 0 & 0 & 0 & 1\\ 0 & -0.235655 & 27.8285 & 0\end{bmatrix}\begin{bmatrix}x\\ \dot{x}\\ \varphi\\ \dot{\varphi}\end{bmatrix}+\begin{bmatrix}0\\ 0.883167\\ 0\\ 2.35655\end{bmatrix}u$$

$$y=\begin{bmatrix}x\\ \varphi\end{bmatrix}=\begin{bmatrix}1 & 0 & 0 & 0\\ 0 & 0 & 1 & 0\end{bmatrix}\begin{bmatrix}x\\ \dot{x}\\ \varphi\\ \dot{\varphi}\end{bmatrix}+\begin{bmatrix}0\\ 0\end{bmatrix}u \tag{5-27}$$

以小车加速度作为输入的系统状态方程

$$\begin{bmatrix}\dot{x}\\ \ddot{x}\\ \dot{\varphi}\\ \ddot{\varphi}\end{bmatrix}=\begin{bmatrix}0 & 1 & 0 & 0\\ 0 & 0 & 0 & 0\\ 0 & 0 & 0 & 1\\ 0 & 0 & 29.4 & 0\end{bmatrix}\begin{bmatrix}x\\ \dot{x}\\ \varphi\\ \dot{\varphi}\end{bmatrix}+\begin{bmatrix}0\\ 1\\ 0\\ 3\end{bmatrix}u'$$

$$y=\begin{bmatrix}x\\ \varphi\end{bmatrix}=\begin{bmatrix}1 & 0 & 0 & 0\\ 0 & 0 & 1 & 0\end{bmatrix}\begin{bmatrix}x\\ \dot{x}\\ \varphi\\ \dot{\varphi}\end{bmatrix}+\begin{bmatrix}0\\ 0\end{bmatrix}u' \tag{5-28}$$

需要说明的是，在控制器设计和程序中，采用的都是以小车的加速度作为系统的输入。

5.1.2 直线一级倒立摆系统阶跃响应分析

上面已经得到系统的状态方程，对其进行阶跃响应分析，在 MATLAB 中键入以下命令

```
clear;
```

```
A=[0  1  0   0;
   0  0  0   0;
   0  0  0   1;
   0  0  29.4 0];
B=[0  1  0   3]';
C=[1  0  0   0;
   0  1  0   0];
D=[0 0];
step(A, B , C , D)
```

得到计算结果如图 5-4 所示。

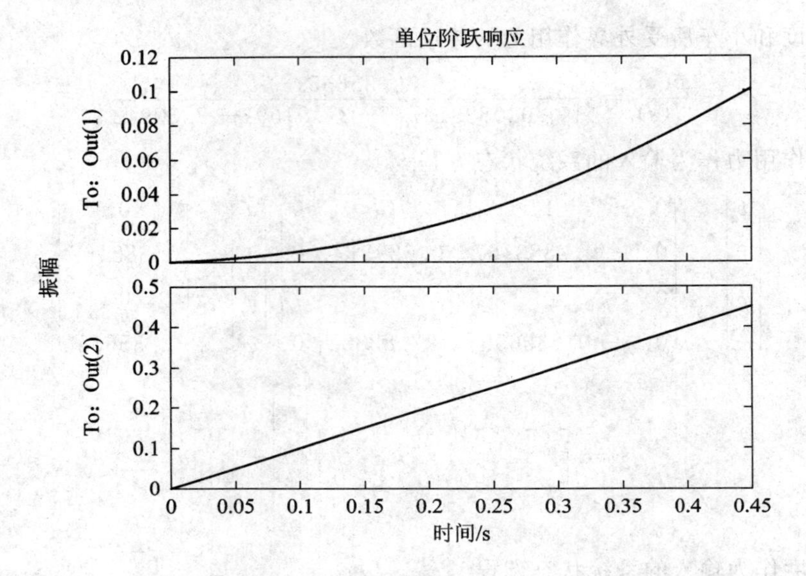

图 5-4　直线一级倒立摆单位阶跃响应仿真

可以看出，在单位阶跃响应作用下，小车位置和摆杆角度都是发散的。

5.1.3　MATLAB Simulink 仿真

MATLAB 提供了一个强大的图形化仿真工具 Simulink，下面在 Simulink 中建立直线一级倒立摆的模型，这里详细介绍一下模型的建立方法：

(1) 打开 MATLAB Simulink 窗口。点击 MATLAB 窗口中"▦"图标进入 Simulink 环境，Simulink 窗口如图 5-5 所示。

(2) 点击"🗋"新建一个模型，并命名，如"L1IPModelRLocus"。从"Continuous"中选择"Transfer Fcn"并按住鼠标拖到新建窗口中，如图 5-6 和图 5-7 所示。

(3) 将上面的传递函数模块改名为"L1IP Transfer Fcn"，点击鼠标右键，选取"BackGround Color"为"Cyan"，并双击模块，打开参数设置窗口如图 5-8 所示。

(4) 同样从 Simulink 模型库"Continuous"中拖一个"Zero-Pole"模块到窗口中作为控制器，双击模块，设定零点、极点和上面程序计算得到的增益 KK 值，如图 5-9 所示。

(5) 连接"Controller"模块和"L1IP L1IP Transfer Fcn"模块，如图 5-10 所示。

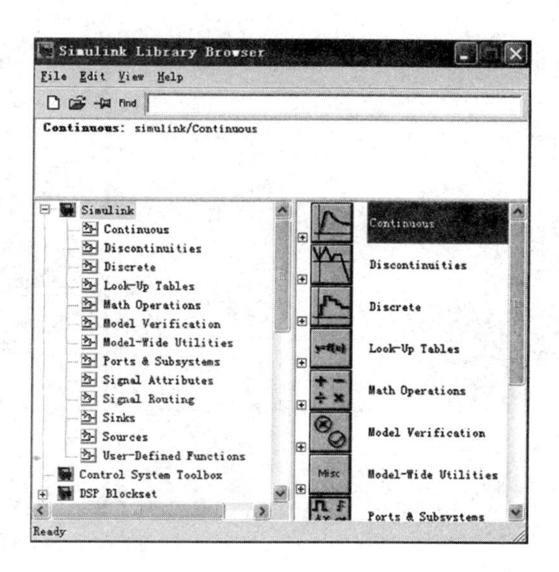

图 5－5　Simulink 窗口

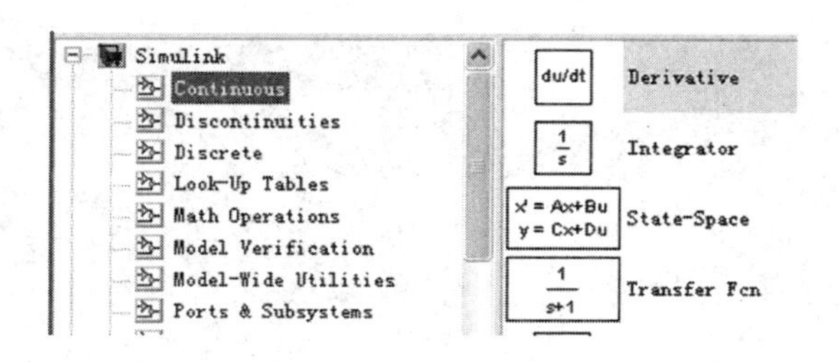

图 5－6　新建模型

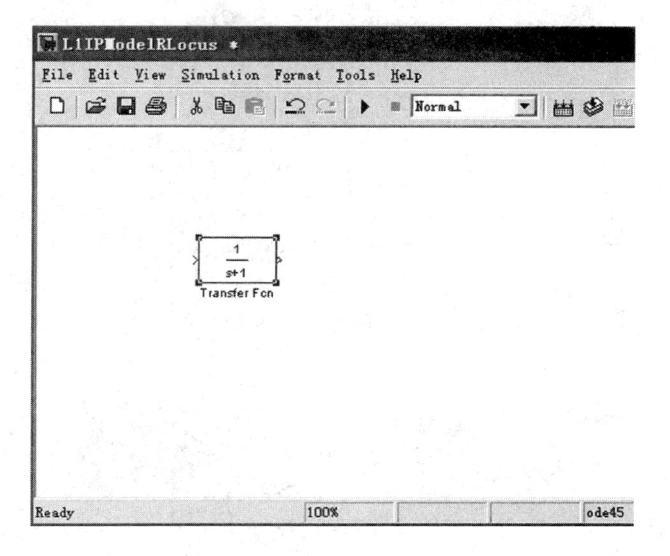

图 5－7　新建模型

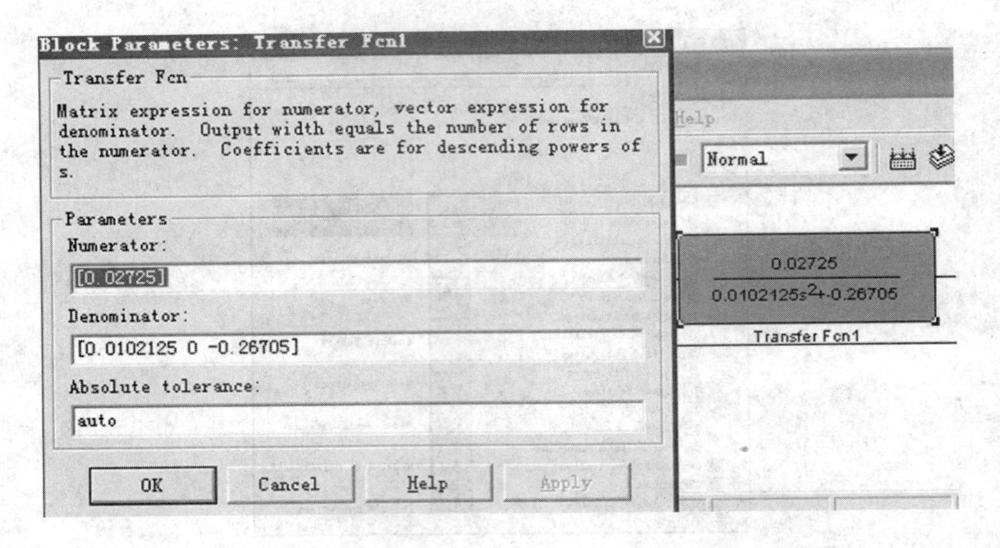

图 5-8　参数设置窗口

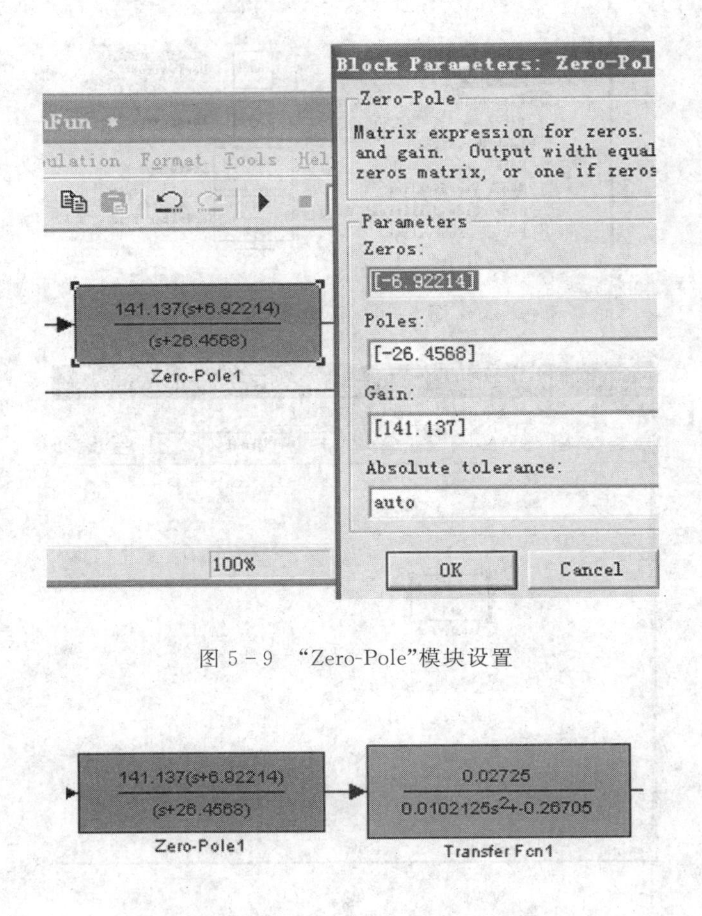

图 5-9　“Zero-Pole”模块设置

141.137(s+6.92214) / (s+26.4568)
Zero-Pole1
0.02725 / 0.0102125s2+-0.26705
Transfer Fcn1

图 5-10　模块连接

（6）从 Simulink 模型库“Math Operations”中拖一个“Sum”模块到“L1IPModel RLocus”窗口中，并双击模块改为如图 5－11 所示（把其中的“＋＋”改为“＋－”）。

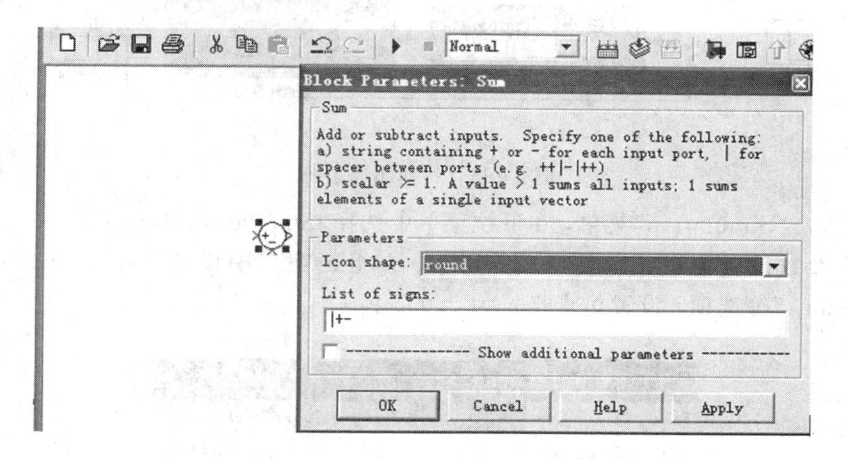

图 5－11　“Sum”模块设置

（7）从 Simulink 模型库“Sourses”中拖一个“Step”信号模块到“L1IPModelRLocus”窗口中，并双击模块设置阶跃信号参数，如图 5－12 所示。

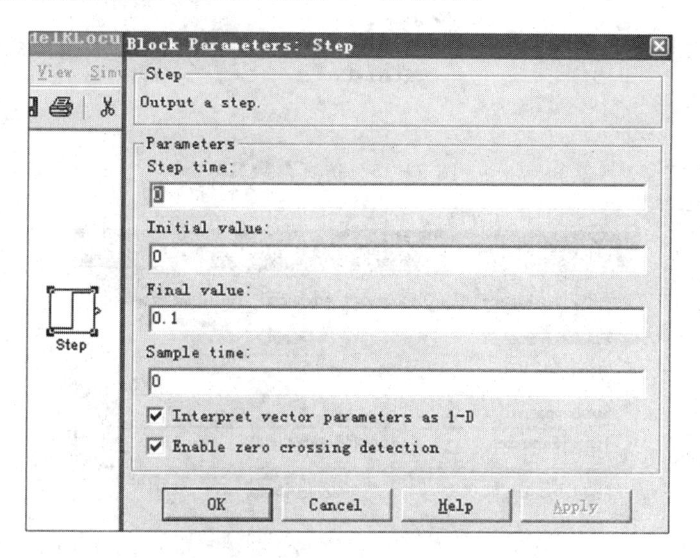

图 5－12　“Step”信号模块设置

（8）从 Simulink 模型库“Sinks”中拖一个“Scope”信号模块到“L1IPModelRLocus”窗口中，如图 5－13 所示。

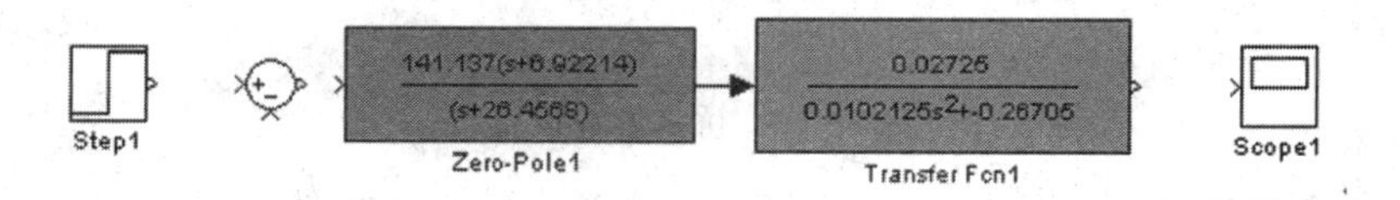

图 5－13　添加“Scope”信号模块

(9) 连接各个模块如图 5－14 所示，构成一个闭环控制系统。

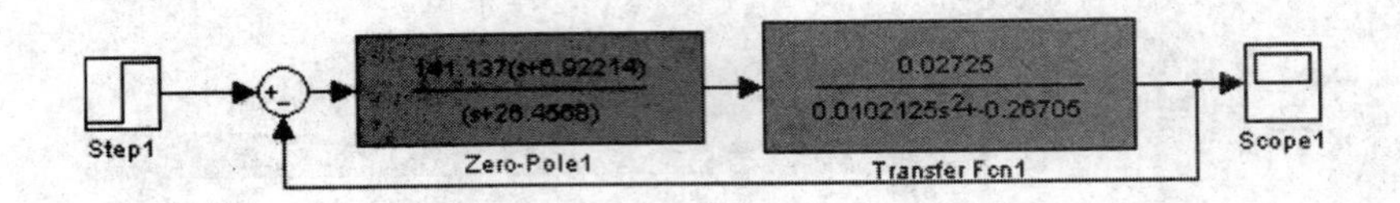

图 5－14　构建闭环系统

(10) 点击“Simulation”菜单，在下拉菜单中选择“Simulation Parameters”，如图 5－15 所示。打开参数设置窗口，如图 5－16 所示。在上面窗口中设置“Simulation time”以及“Solver options”等选项。设置仿真步长为 0.005 秒。

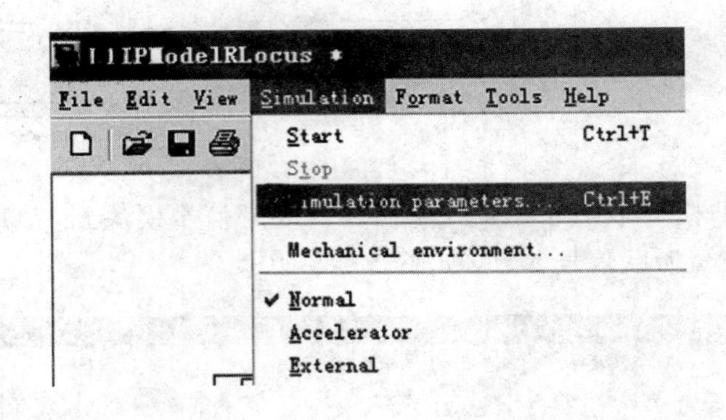

图 5－15　仿真参数

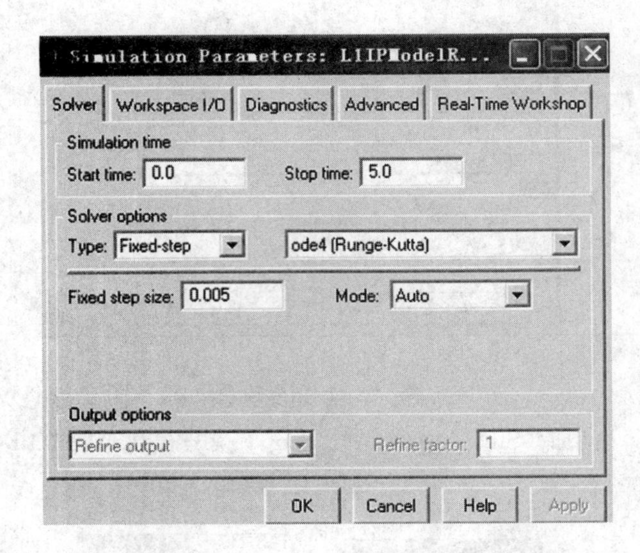

图 5－16　仿真参数设置

(11) 点击▶运行仿真，双击“Scope”模块观察仿真结果，如图 5－17 所示。如果曲线超出界面范围，可以点击“🔭”观察全图。

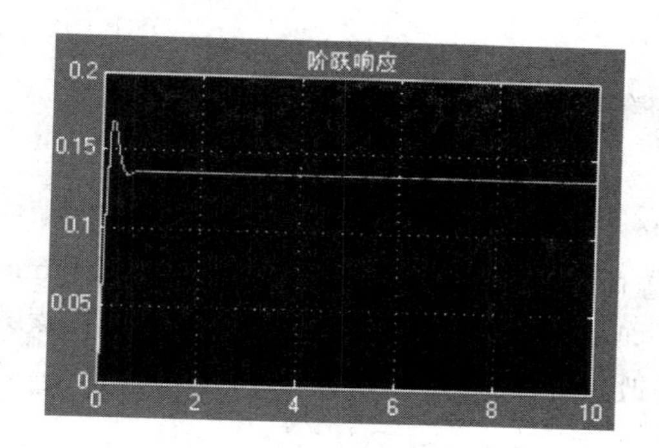

图 5 - 17　直线一级倒立摆的根轨迹校正仿真结果(一阶控制器)

(12) 可以看出，系统能较好地跟踪阶跃信号，但是存在一定的稳态误差，修改控制器的零点和极点，可以得到不同的控制效果，在多次改变参数后，选取仿真结果最好的参数。例如修改控制为二阶的超前滞后控制器，给控制器再增加一个极点和零点，具体的设计方法请参见相关教材。

(13) 在"Simlulink\Signal Routing"中拉一个"Manual Switch"模块到窗口中，如图 5 - 18 所示。

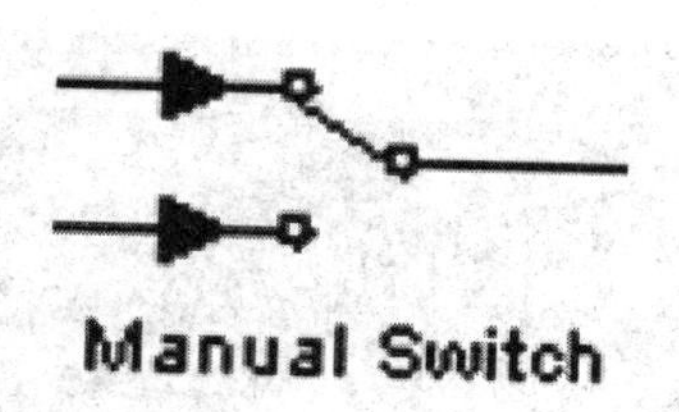

图 5 - 18　添加"Manual Switch"模块

(14) 复制一个控制器模块到窗口中并修改参数，如图 5 - 19 和图 5 - 20 所示。

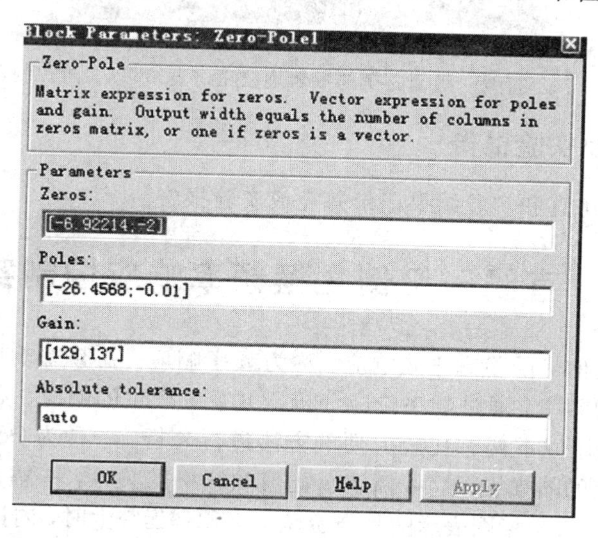

图 5 - 19　控制器模块参数

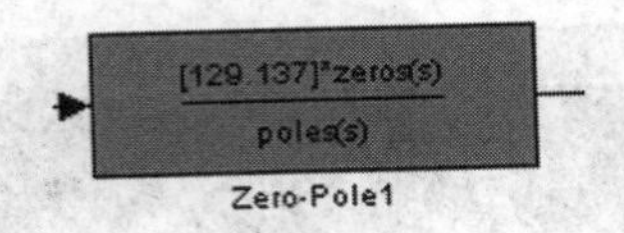

图 5-20　添加控制器模块参数

(15) 最后整理根轨迹仿真模块如图 5-21 所示。双击“Manual Switch”打到下边，点击▶”运行得到仿真结果，如图 5-22 所示。可以看出，系统稳态误差相对较少，但是超调增大，请实验者分析原因并改进控制器。

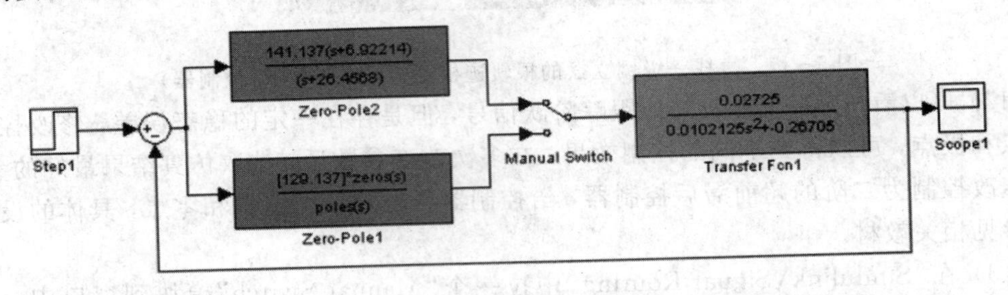

图 5-21　直线一级倒立摆的根轨迹仿真模型

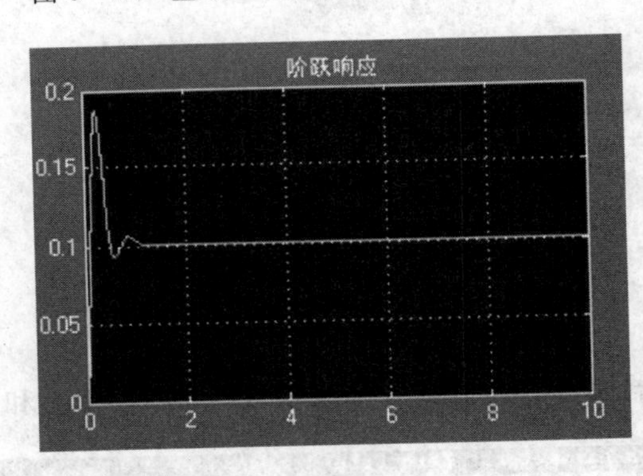

图 5-22　直线一级倒立摆的根轨迹校正仿真结果(二阶控制器)

5.1.4　实验结果及实验报告

请将计算步骤、仿真和实验结果记录并完成实验报告。

5.2　直线一级倒立摆频率响应控制实验

系统对正弦输入信号的稳态正弦响应，称为频率响应。在频率响应方法中，在一定范围内改变输入信号的频率，通过频率响应分析研究系统产生的响应。

频率响应可以采用以下两种比较方便的方法进行分析。一种为 Bode 图或对数坐标图，Bode 图采用两幅分离的图来表示，一幅表示幅值和频率的关系，一幅表示相角和频率的关系；一种是极坐标图，极坐标图表示的是当 ω 从 0 变化到无穷大时，向量 $|G(j\omega)|\angle G(j\omega)$ 的轨迹，极坐标图也常称为 Nyquist 图，Nyquist 稳定判据使我们有可能根据系统的开环频率响应特性信息，研究线性闭环系统的绝对稳定性和相对稳定性。

5.2.1 频率响应分析

前面我们已经得到了直线一级倒立摆的物理模型，实际系统的开环传递函数为

$$\frac{\Phi(s)}{V(s)}=\frac{0.02725}{0.0102125s^2-0.26705}$$

其中，输入为小车的加速度 $V(s)$，输出为摆杆的角度 $\Phi(s)$。

在 MATLAB 下绘制系统的 Bode 图和 Nyquist 图，如图 5-23 和图 5-24 所示。

绘制 Bode 图的命令为

```
bode(sys)
```

绘制 Nyquist 图的命令为

```
nyquist(sys)
```

在 MATLAB 中键入以下命令

```
clear;
num=[0.02725];
den=[0.0102125  0  -0.26705];
z=roots(num);
p=roots(den);
subplot(2, 1, 1)
bode(num, den)
subplot(2, 1, 2)
nyquist(num, den)
```

得到如下结果：

```
z =
   Empty matrix: 0-by-1
p =
    5.1136
   -5.1136
```

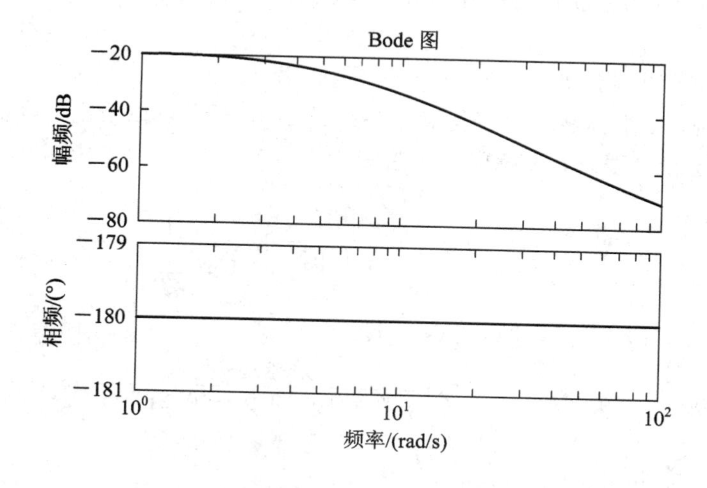

图 5-23　直线一级倒立摆的 Bode 图

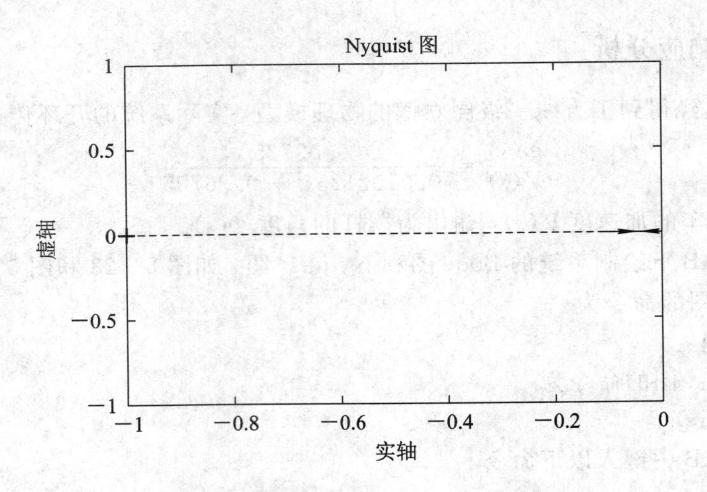

图 5-24 直线一级倒立摆的 Nyquist 图

可以看到，系统没有零点，但存在两个极点，其中一个极点位于右半 s 平面，根据 Nyquist 稳定判据，闭环系统稳定的充分必要条件是：当 ω 从 $-\infty$ 到 $+\infty$ 变化时，开环传递函数 $G(\mathrm{j}\omega)$ 沿逆时针方向包围 -1 点 p 圈，其中 p 为开环传递函数在右半 s 平面内的极点数。对于直线一级倒立摆，由图 5-24 可以看出，开环传递函数在 s 右半平面有一个极点，因此 $G(\mathrm{j}\omega)$ 需要沿逆时针方向包围 -1 点一圈。可以看出，系统的 Nyquist 图并没有逆时针绕 -1 点一圈，因此系统不稳定，需要设计控制器来稳定系统。

5.2.2 频率响应设计及仿真

直线一级倒立摆的频率响应设计可以表示为如下问题：

考虑一个单位负反馈系统，其开环传递函数为

$$G(s)=\frac{\Phi(s)}{V(s)}=\frac{0.02725}{0.0102125s^2-0.26705}$$

设计控制器 $G_c(s)$，使得系统的静态位置误差常数为 10，相位裕量为 50°，增益裕量等于或大于 10 dB。

根据要求，控制器设计如下：

(1) 选择控制器，上面我们已经得到了系统的 Bode 图，可以看出，给系统增加一个超前校正就可以满足设计要求，设超前校正装置为

$$G_c(s)=K_c\alpha\frac{Ts+1}{\alpha Ts+1}=K_c\frac{s+\dfrac{1}{T}}{s+\dfrac{1}{\alpha T}}$$

已校正系统具有开环传递函数 $G_c(s)G(s)$，设

$$G_1(s)=KG(s)=\frac{0.02725\times K}{0.0102125s^2-0.26705}$$

式中，$K=K_c\alpha$。

(2) 根据稳态误差要求计算增益 K，

$$K_p = \lim_{s\to 0} G_c(s)G(s) = \lim_{s\to 0} K_c \frac{\left(s+\frac{1}{T}\right)}{\left(s+\frac{1}{\alpha T}\right)} \times \frac{0.02725}{0.0102125s^2 - 0.26705} = 10$$

可以得到

$$K_c\alpha = 98 = K$$

于是有

$$G_1(s) = \frac{0.02725 \times 98}{0.0102125s^2 - 0.26705}$$

(3) 在 MATLAB 中画出 $G_1(s)$ 的 Bode 图，如图 5 - 25 所示。

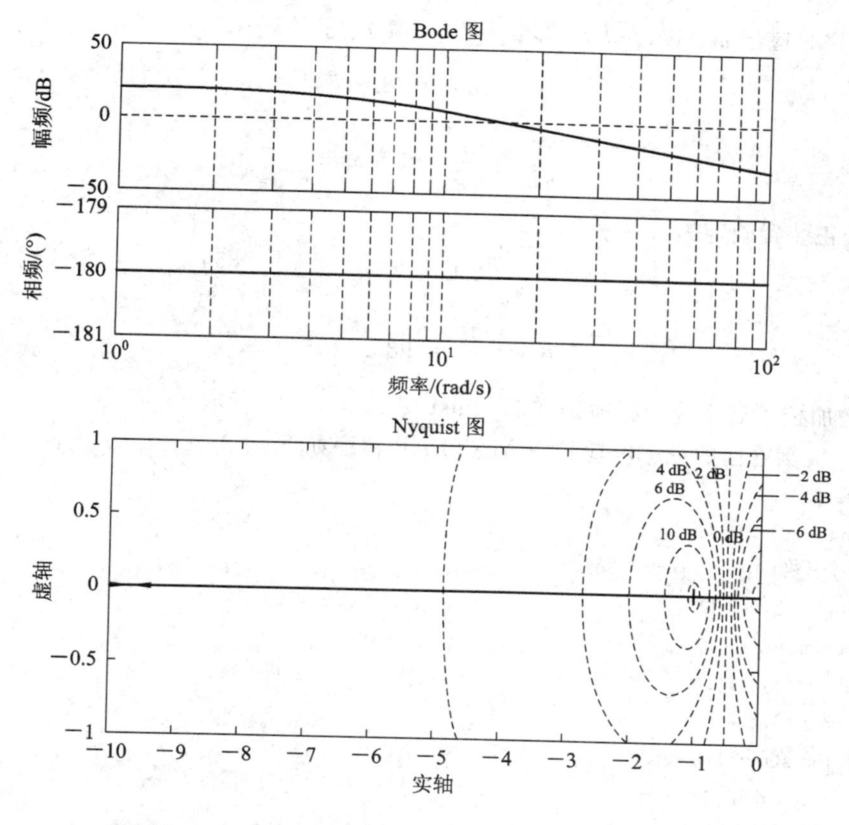

图 5 - 25　添加增益后的直线一级倒立摆的 Bode 图和 Nyquist 图

(4) 可以看出，系统的相位裕量为 0°，根据设计要求，系统的相位裕量为50°，因此需要增加的相位裕量为50°，增加超前校正装置会改变 Bode 图的幅值曲线，这时增益交界频率会向右移动，必须对增益交界频率增加所造成的 $G_1(j\omega)$ 的相位滞后增量进行补偿，因此，假设需要的最大相位超前量 φ_m 近似等于55°。

因为

$$\sin\varphi_m = \frac{1-\alpha}{1+\alpha}$$

计算可以得到：α=0.0994。

(5) 确定了衰减系统，就可以确定超前校正装置的转角频率 $\omega = 1/T$ 和 $\omega = 1/(\alpha T)$，可以看出，最大相位超前角 φ_m 发生在两个转角频率的几何中心上，即 $\omega=1/(\sqrt{\alpha}T)$，在 $\omega=1/(\sqrt{\alpha}T)$ 点上，由于包含 $(Ts+1)/(\alpha Ts+1)$ 项，所以幅值的变化为

$$\left|\frac{1+\mathrm{j}\omega T}{1+\mathrm{j}\omega\alpha T}\right|_{\omega=1/(\sqrt{\alpha}T)}=\left|\frac{1+\mathrm{j}\dfrac{1}{\sqrt{\alpha}}}{1+\mathrm{j}\sqrt{\alpha}}\right|=\frac{1}{\sqrt{\alpha}}$$

又

$$\frac{1}{\sqrt{\alpha}}=\frac{1}{\sqrt{0.0994}}=10.0261\ \mathrm{dB}$$

并且 $|G_1(\mathrm{j}\omega)|=-10.0261$ dB 对应于 $\omega=28.5$ rad/s，选择此频率作为新的增益交界频率 ω_c，这一频率相应于 $\omega=1/(\sqrt{\alpha}T)$，即 $\omega_c=1/(\sqrt{\alpha}T)$，于是

$$\frac{1}{T}=\sqrt{\alpha}\omega_c=8.9854$$

$$\frac{1}{\alpha T}=\frac{\omega_c}{\sqrt{\alpha}}=90.3965$$

(6) 校正装置确定为：

$$G_c(s)=K_c\alpha\frac{Ts+1}{\alpha Ts+1}=K_c\frac{s+8.9854}{s+90.3965}$$

$$K_c=\frac{K}{\alpha}=985.9155$$

(7) 增加校正后系统的根轨迹和 Nyquist 图如图 5-26 所示。

直线一级倒立摆的频率响应校正 MATLAB 程序如下：

```
clear;
num=98*[0.02725];
den=[0.0102125 0 -0.26705];
subplot(2, 1, 1)
bode(num, den)
subplot(2, 1, 2)
nyquist(num, den)
z=roots(num);
p=roots(den);
za=[z; -8.9854];
pa=[p; -90.3965];
k=985.9155;
sys=zpk(za, pa, k);
figure
subplot(2, 1, 1)
bode(sys)
subplot(2, 1, 2)
nyquist(sys)
figure
sysc=sys/(1+sys);
```

```
t=0:0.005:5;
impulse(sysc, t)
```

从Bode图中可以看出，系统具有要求的相角裕度和幅值裕度，从Nyquist图中可以看出，曲线绕－1点逆时针一圈，因此校正后的系统稳定。

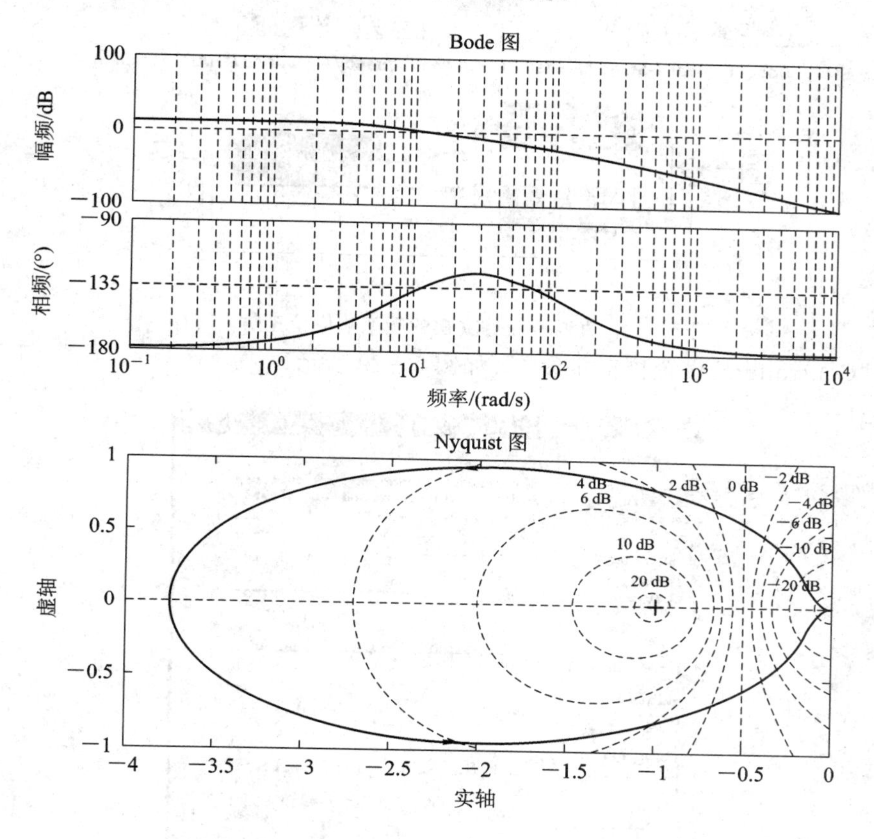

图5－26　添加控制器后的直线一级倒立摆Bode图和Nyquist图(一阶控制器)

得到系统的单位阶跃响应如图5－27所示。

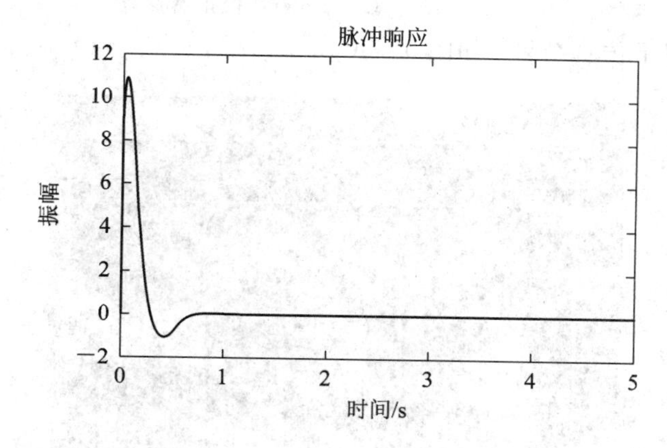

图5－27　利用频率响应方法校正后系统的单位阶跃响应(一阶控制器)

可以看出，系统在遇到干扰后，在1秒内可以达到新的平衡，但是超调量比较大。

(8) 打开“L1dofFreq. mdl”，在 MATLAB Simulink 下对系统进行仿真，如图 5-28 所示。

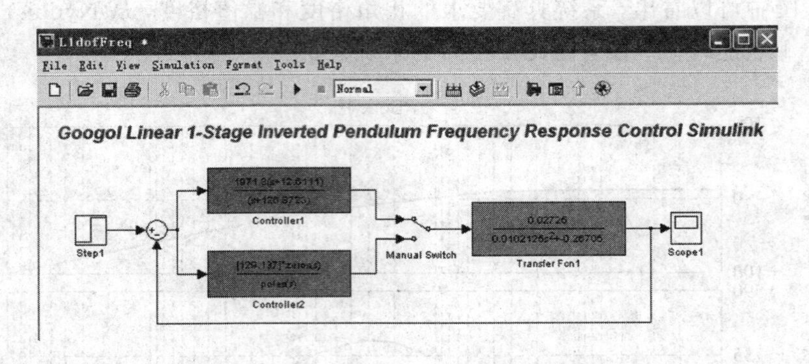

图 5-28　直线一级倒立摆的频率响应校正仿真程序

双击“Controller1”设置校正器参数，如图 5-29 所示。

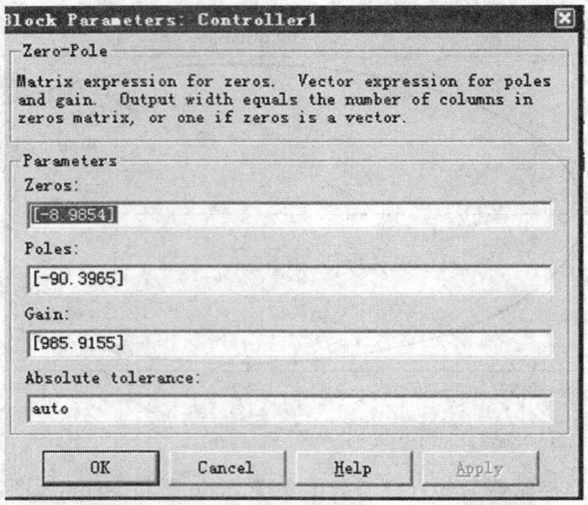

Block Parameters: Controller1

Zero-Pole

Matrix expression for zeros. Vector expression for poles and gain. Output width equals the number of columns in zeros matrix, or one if zeros is a vector.

Parameters

Zeros:

[-8.9854]

Poles:

[-90.3965]

Gain:

[985.9155]

Absolute tolerance:

auto

OK　Cancel　Help　Apply

图 5-29　设置“Controller1”校正器参数

点击“▸”得到以下仿真结果，如图 5-30 所示。

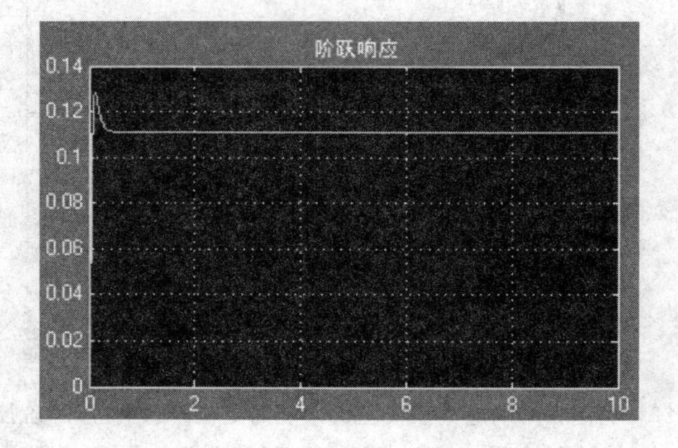

图 5-30　仿真结果

(9) 可以看出，系统存在一定的稳态误差，为使系统获得快速响应特性，又可以得到良好的静态精度，我们采用滞后-超前校正(通过使用滞后-超前校正，低频增益增大，稳态精度提高，又可以增加系统的带宽和稳定性裕量)，设滞后-超前控制器为

$$G_c(s) = K_c \frac{\left(s+\frac{1}{T_1}\right)\left(s+\frac{1}{T_2}\right)}{\left(s+\frac{\beta}{T_1}\right)\left(s+\frac{1}{\beta T_2}\right)}$$

请读者参考相关教材设计滞后-超前控制器。这里假设控制器为

$$G_c(s) = K_c \frac{\left(s+\frac{1}{T_1}\right)\left(s+\frac{1}{T_2}\right)}{\left(s+\frac{\beta}{T_1}\right)\left(s+\frac{1}{\beta T_2}\right)} = 980 \times \frac{s+8.9854}{s+90.3965} \times \frac{s+2}{s+0.1988}$$

可以得到静态误差系数

$$\begin{aligned} K_p &= \lim_{s\to 0} G_c(s)G(s) \\ &= \lim_{s\to 0} 980 \times \frac{s+8.9854}{s+90.3965} \times \frac{s+2}{s+0.1988} \times \frac{0.02725}{0.0102125s^2 - 0.26705} \\ &= 100.6 \end{aligned}$$

比超前校正提高了很多，因为 −2 零点和 −0.1988 极点比较接近，所以对相角裕度影响等不是很大，滞后-超前校正后的系统 Bode 图和 Nyquist 图如图 5 - 31 所示：

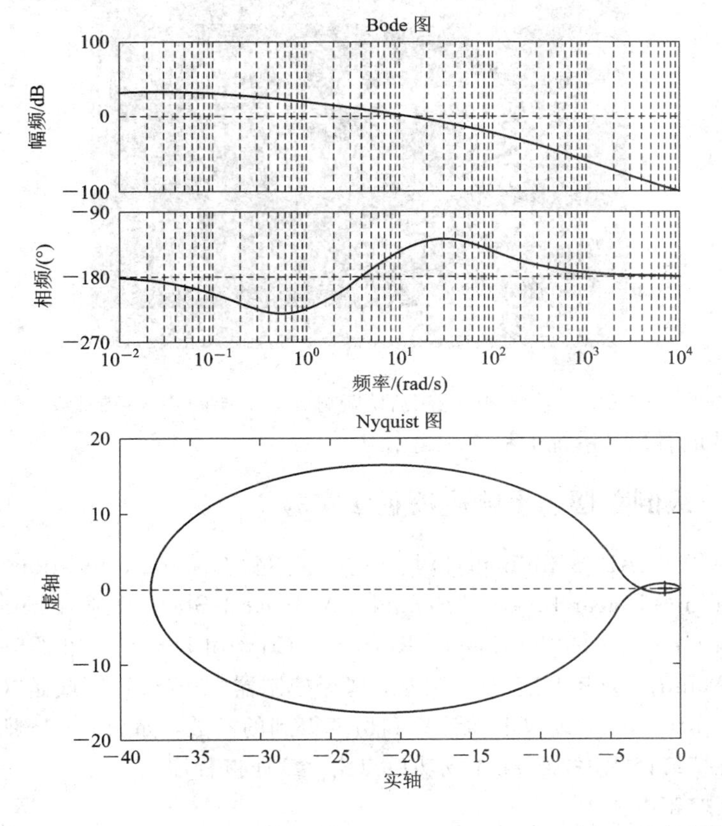

图 5 - 31　利用频率响应方法校正后的 Bode 图和 Nyquist 图(二阶控制器)

(10) 设“Controller2”参数如图 5 - 32 所示。

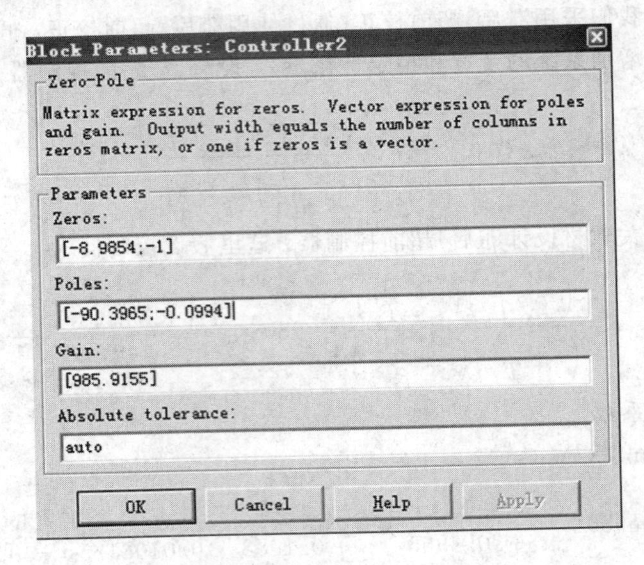

图 5 - 32 设置“Controller2”参数

运行仿真结果，如图 5 - 33 所示。

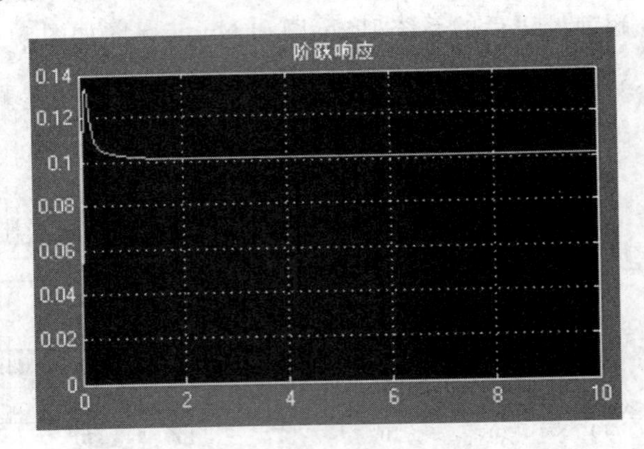

图 5 - 33 频率响应校正后阶跃响应仿真结果(二阶控制器)

可以很明显地看出，系统的稳态误差较少。

5.2.3 直线一级倒立摆频率响应校正法实验

(1) 进入 MATLAB Simulink 实时控制工具箱“Googol Education Products”打开“Inverted Pendulum\Linear Inverted Pendulum\Linear 1-Stage IP Experiment\ Frequency Response Experiments”中的“Frequency Response Control Demo”，如图 5 - 34 所示。

(2) 点击“Manual Switch”选择控制器，选择控制器“Contrller1”或是“Controller2”。

(3) 双击 Controller2，设置上面计算和仿真得到的参数，如图 5 - 35 所示。

(4) 点击“▦”编译程序，再编译成功后点击“▣”连接程序。

(5) 打开电控箱电源。

(6) 点击“▶”运行程序。

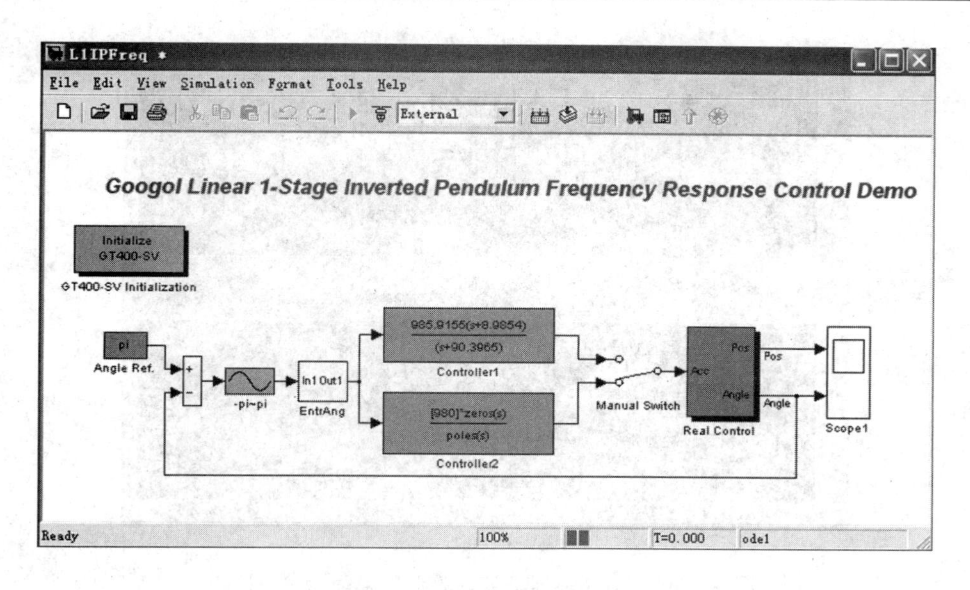

图5-34　直线一级倒立摆的频率响应校正实时控制程序

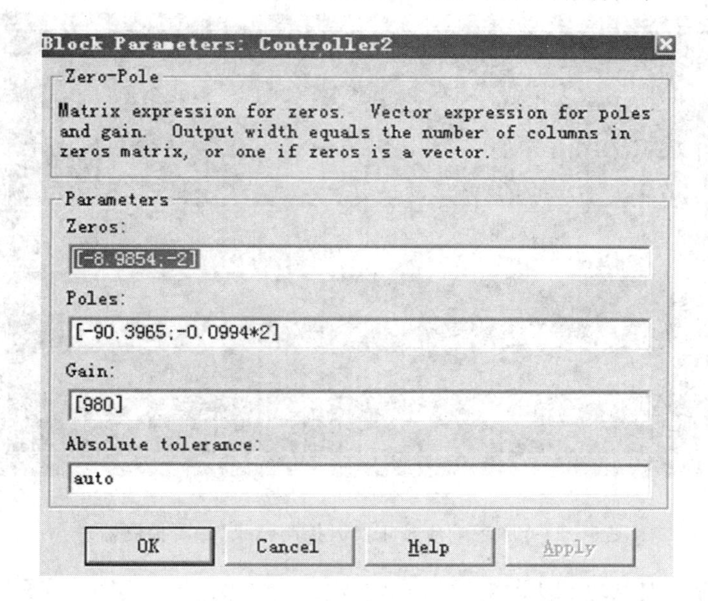

图5-35　设置参数

(7) 在听到电机上伺服的声音后，手动缓慢地提起摆杆到竖直向上的位置，在程序进入自动控制后松开手，因为频率响应法只控制摆杆的角度，并不控制小车的位置，所以当小车运动到一端时需要用工具挡一下，以免碰到限位开关，停止控制。

(8) 双击“Scope”观察运行结果，如图5-36所示。

请读者仔细分析系统实际的稳定时间(上图所示约为0.25秒)和设计指标的关系。

(9) 根据不同的指标计算得到不同的控制器参数，在修改参数后观察控制效果。

(10) 点击“Manual Switch”切换控制器后，系统的控制效果如图5-37所示。

请读者仔细分析这个控制器和前面控制器的控制效果差别(稳定时间约为0.5秒)。

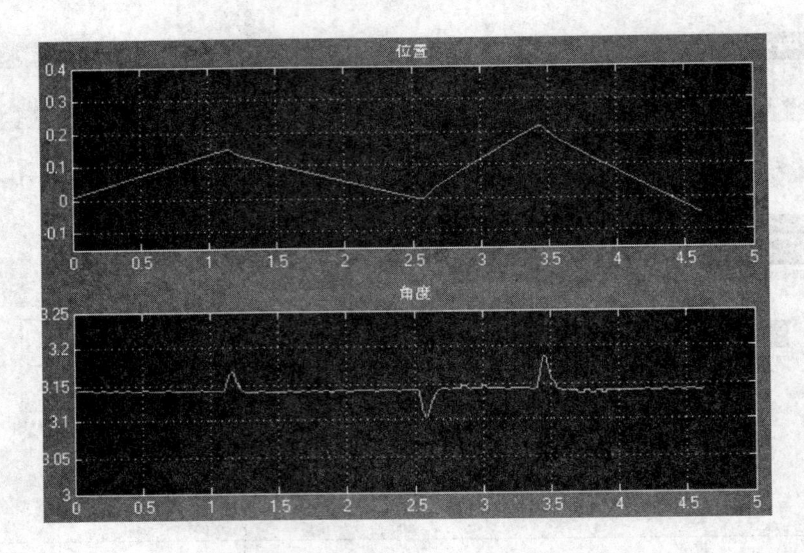

图 5-36　频率响应校正实时控制结果(一阶控制器)

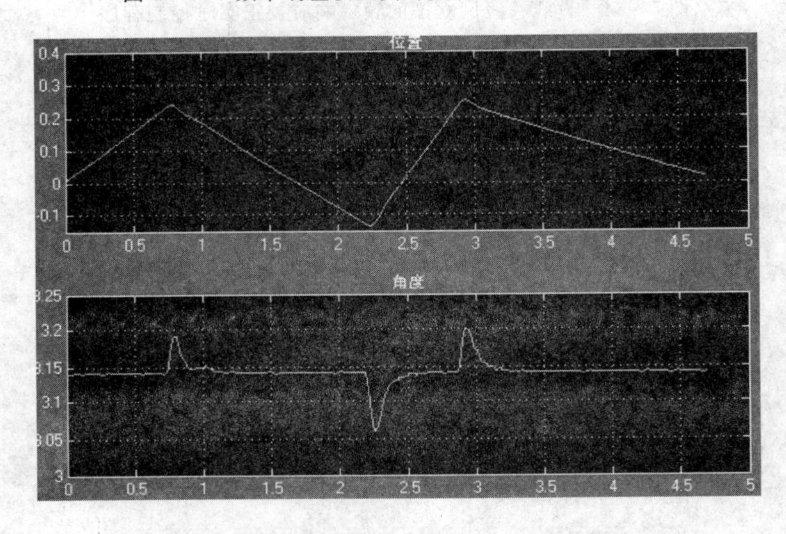

图 5-37　频率响应校正实时控制结果(二阶控制器)

5.2.4　实验结果及实验报告

记录实验结果并完成实验报告。

5.3　直线一级倒立摆 PID 控制实验

本实验的目的是让实验者理解并掌握 PID 控制的原理和方法，并应用于直线一级倒立摆的控制。PID 控制并不需要对系统进行精确的分析，因此采用实验的方法对系统进行控制器参数的设置。

5.3.1 PID 控制分析

经典控制理论的研究对象主要是单输入单输出的系统，控制器设计时一般需要有关被控对象的较精确模型。PID 控制器因其结构简单，容易调节，且不需要对系统建立精确的模型，在控制上应用较广。

首先，对于倒立摆系统输出量为摆杆的角度，它的平衡位置为垂直向上。系统控制结构框图如图 5-38 所示。图中 $KD(s)$是控制器传递函数，$G(s)$是被控对象传递函数。

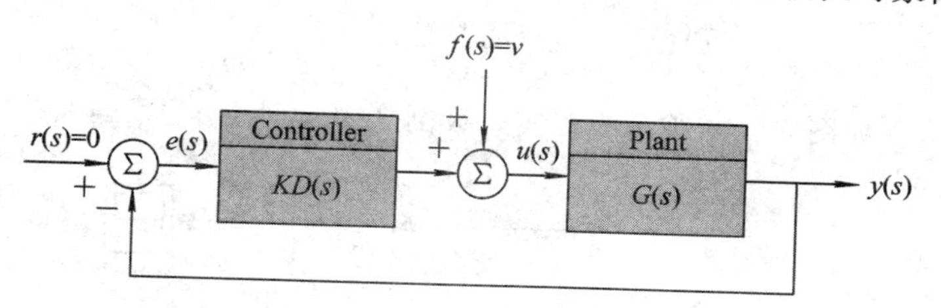

图 5-38 直线一级倒立摆闭环系统图

考虑到输入 $r(s)=0$，结构图可以很容易地变换成如图 5-39 所示的系统简化图。

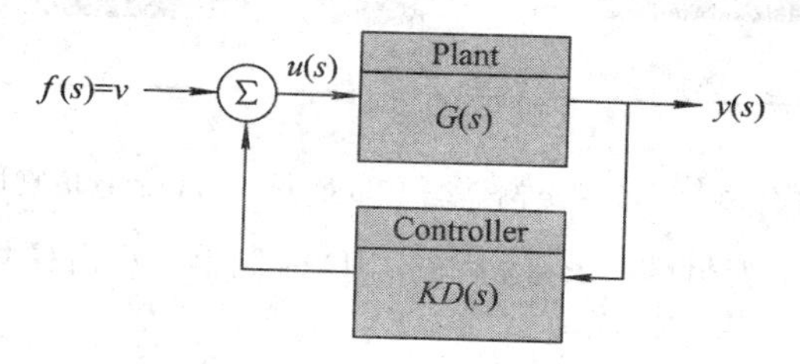

图 5-39 直线一级倒立摆闭环系统简化图

该系统的输出为

$$y(s)=\frac{G(s)}{1+KD(s)G(s)}F(s)=\frac{\dfrac{\text{num}}{\text{den}}}{1+\dfrac{(\text{numPID})(\text{num})}{(\text{denPID})(\text{den})}}F(s)$$

$$=\frac{\text{num}(\text{denPID})}{(\text{denPID})(\text{den})+(\text{numPID})(\text{num})}F(s)$$

其中，num 为被控对象传递函数的分子项，den 为被控对象传递函数的分母项，numPID 为 PID 控制器传递函数的分子项，denPID 为 PID 控制器传递函数的分母项，通过分析上式就可以得到系统的各项性能。

由式(3-13)可以得到摆杆角度和小车加速度的传递函数

$$\frac{\Phi(s)}{V(s)}=\frac{ml}{(I+ml^2)s^2-mgl}$$

PID 控制器的传递函数为

$$KD(s)=K_d s+K_p+\frac{K_i}{s}=\frac{K_d s^2+K_p s+K_i}{s}=\frac{\text{numPID}}{\text{denPID}}$$

需仔细调节 PID 控制器的参数，以得到满意的控制效果。

前面的讨论只考虑了摆杆角度，那么，在控制的过程中，小车位置如何变化呢？

小车位置输出为

$$X(s)=V(s)s^2$$

通过对控制量 V 双重积分即可以得到小车位置。

5.3.2　PID 控制参数设定及仿真

对于 PID 控制参数，采用以下的方法进行设定。

由实际系统的物理模型

$$\frac{\Phi(s)}{V(s)}=\frac{0.02725}{0.0102125s^2-0.26705}$$

在 Simulink 中建立如图 5-40 所示的直线一级倒立摆模型。

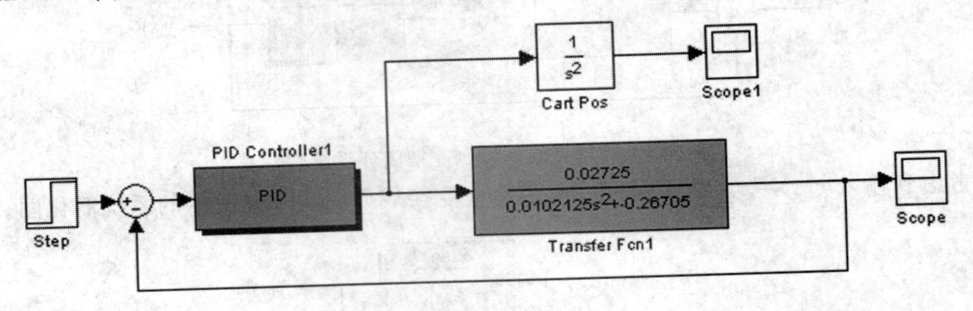

图 5-40　直线一级倒立摆 PID 控制 MATLAB 仿真模型

其中 PID Controller 为封装(Mask)后的 PID 控制器，双击模块打开参数设置窗口，如图 5-41 所示。

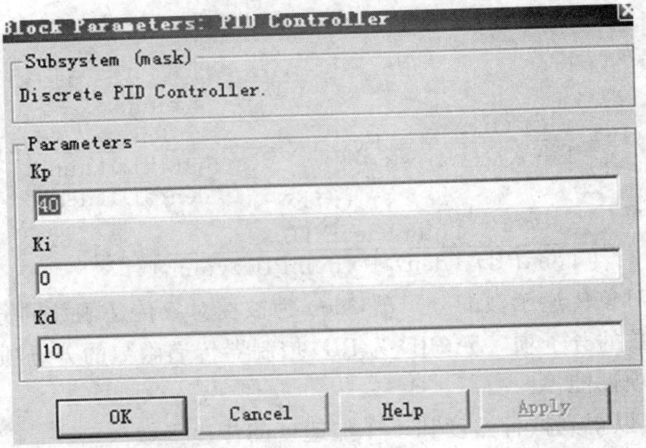

Block Parameters: PID Controller
Subsystem (mask)
Discrete PID Controller.
Parameters
Kp
40
Ki
0
Kd
10
OK　Cancel　Help　Apply

图 5-41　PID 参数设置窗口

先设置 PID 控制器为 P 控制器，令 $K_p=9$，$K_i=0$，$K_d=0$，得到仿真结果，如图 5-42 所示。

从图中可以看出，控制曲线不收敛，因此增大控制量，令 $K_p=40$，$K_i=0$，$K_d=0$ 得到仿真结果，如图 5-43 所示。

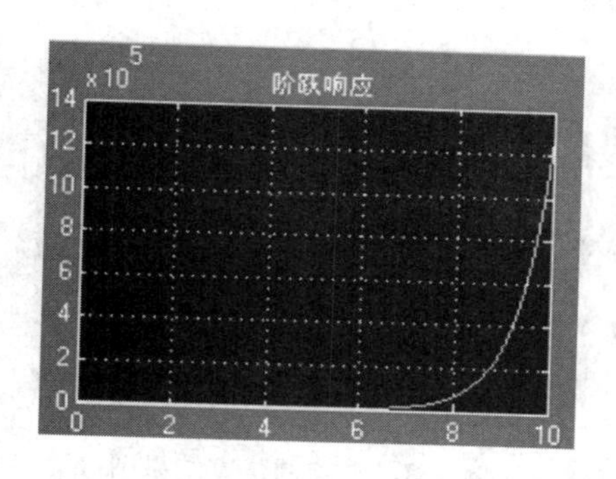

图 5-42　直线一级倒立摆 P 控制仿真结果图($K_p=9$)

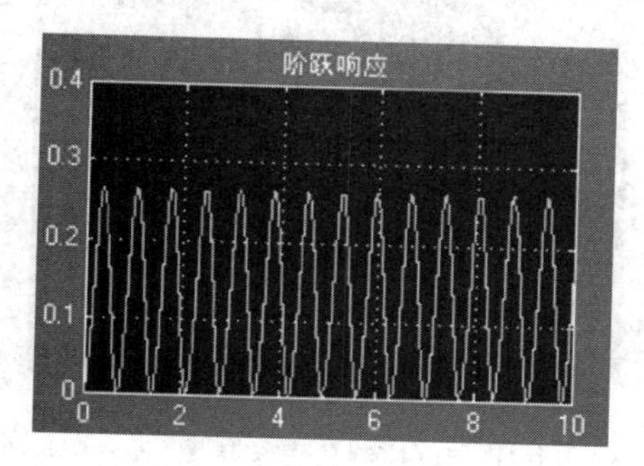

图 5-43　直线一级倒立摆 P 控制仿真结果图($K_p=40$)

从图中可以看出，闭环控制系统持续振荡，周期约为 0.7 s。为消除系统的振荡，增加微分控制参数 K_d。

令 $K_p=40$，$K_i=0$，$K_d=4$，得到仿真结果，如图 5-44 所示。

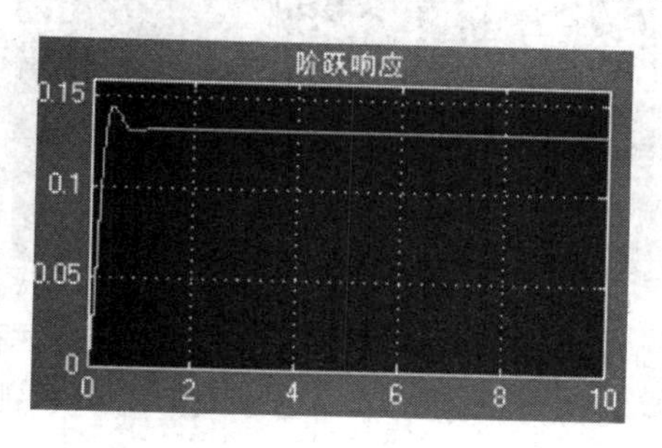

图 5-44　直线一级倒立摆 PD 控制仿真结果图($K_p=40$，$K_d=4$)

从图中可以看出，系统稳定时间过长，大约为 4 秒，且在两个振荡周期后才能稳定，因此再增加微分控制参数 K_d。令 $K_p=40$，$K_i=0$，$K_d=10$。仿真得到结果，如图 5-45 所示。

从图 5-45 可以看出，系统在 1.5 s 后达到平衡，但是存在一定的稳态误差。

为消除稳态误差，增加积分参数 K_i。

令 $K_p=40$，$K_i=20$，$K_d=10$。得到仿真结果，如图 5-46 所示。

从上面仿真结果可以看出，系统可以较好的稳定，但由于积分因素的影响，稳定时间明显增大。

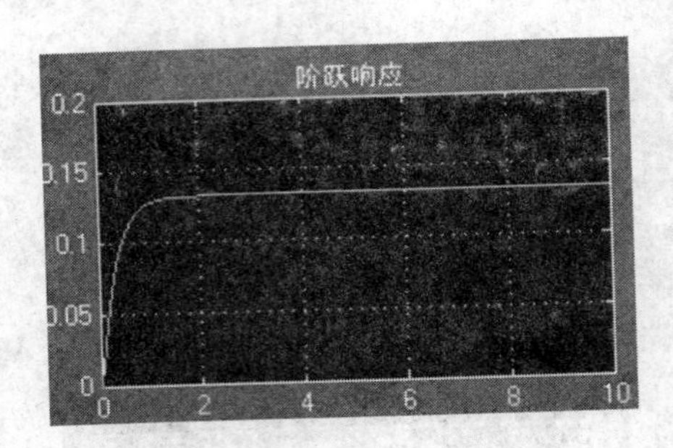

图 5-45　直线一级倒立摆 PD 控制仿真结果图($K_p=40$，$K_d=10$)

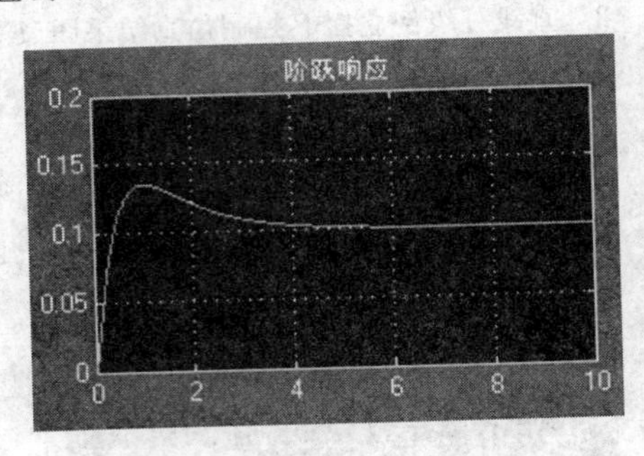

图 5-46　直线一级倒立摆 PID 控制仿真结果图($K_p=40$，$K_i=20$，$K_d=10$)

双击“Scope1”，得到小车的位置输出曲线如图 5-47 所示。

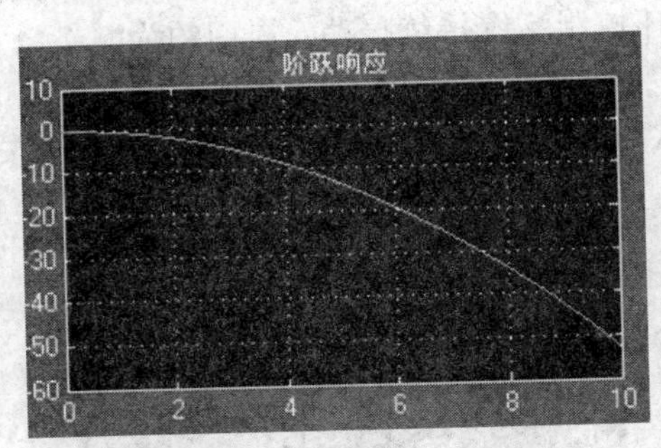

图 5-47　直线一级倒立摆 PD 控制仿真结果图(小车位置曲线)

可以看出，由于 PID 控制器为单输入单输出系统，所以只能控制摆杆的角度，并不能控制小车的位置，所以小车会往一个方向运动。

直线一级倒立摆 PID 控制 MATLAB 仿真程序如下：

```
clear;
num=[0.02725];
den=[0.0102125 0 -0.26705];
kd=10%pid close loop system pendant response for impluse signal
k=40
ki=10
numPID= [ kd  k  ki ];
denPID= [ 1  0 ];
numc= conv ( num, denPID )
```

```
denc= polyadd ( conv(denPID, den ), conv( numPID, num ) )
t = 0 : 0.005 : 5;
figure(1);
impulse ( numc , denc , t )
```

运行后得到如图 5－48 所示的仿真结果。

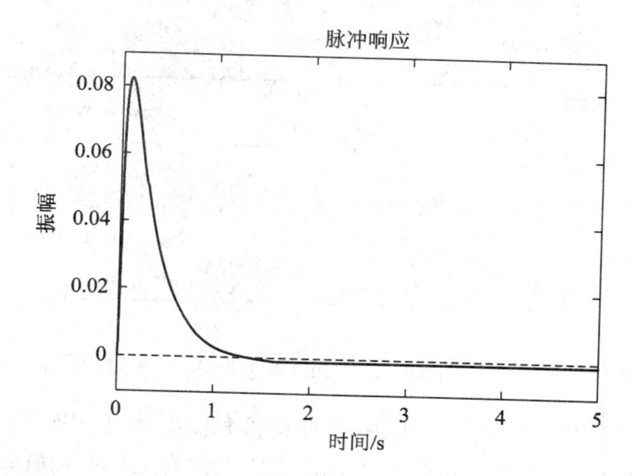

图 5－48　直线一级倒立摆 PID 控制 MATLAB 仿真结果(脉冲干扰)

5.3.3　PID 控制实验

实时控制实验在 MATALB Simulink 环境下进行，用户在实验前请仔细阅读使用手册。

(1) 打开直线一级倒立摆 PID 控制界面如图 5－49 所示。

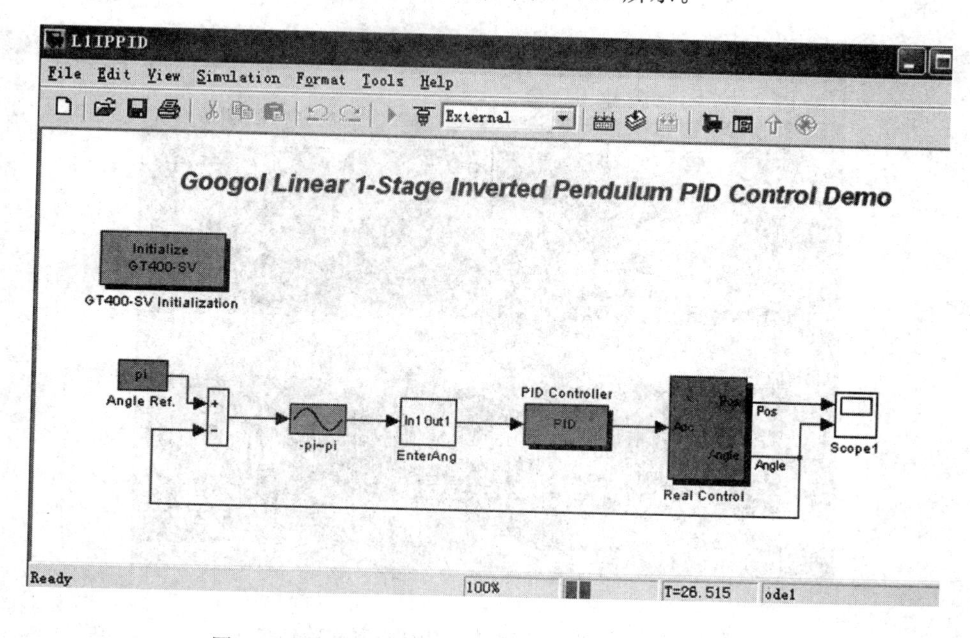

图 5－49　直线一级倒立摆 MATLAB 实时控制界面

(2) 双击“PID”模块进入 PID 参数设置，如图 5－50 所示。把仿真得到的参数输入 PID 控制器，点击“OK”保存参数。

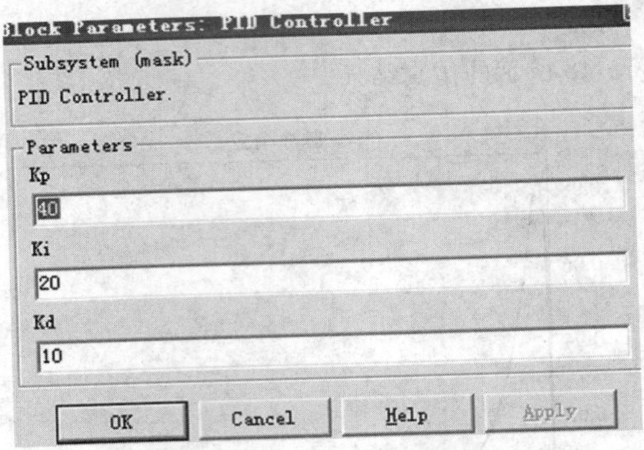

Block Parameters: PID Controller
Subsystem (mask)
PID Controller.
Parameters
Kp
40
Ki
20
Kd
10
OK
Cancel
Help
Apply

图 5－50　PID 参数设置

(3) 点击编译程序，完成后点击使计算机和倒立摆建立连接。

(4) 点击运行程序，检查电机是否上伺服，如果没有上伺服，请参见直线倒立摆使用手册相关章节。缓慢提起倒立摆的摆杆到竖直向上的位置，在程序进入自动控制后松开，当小车运动到正负限位的位置时，用工具挡一下摆杆，使小车反向运动。

(5) 实验结果如图 5－51 所示。从图中可以看出，倒立摆可以实现较好的稳定性，摆杆的角度在 3.14(弧度)左右。同仿真结果，PID 控制器并不能对小车的位置进行控制，小车会沿滑杆有稍微的移动。在给定干扰的情况下，小车位置和摆杆角度的变化曲线如图 5－52 所示。

Scope1
位置
0.1
0.05
0
0
0.5
1
1.5
2
2.5
3
3.5
4
4.5
5
角度
3.15
3.145
3.14
3.135
3.13

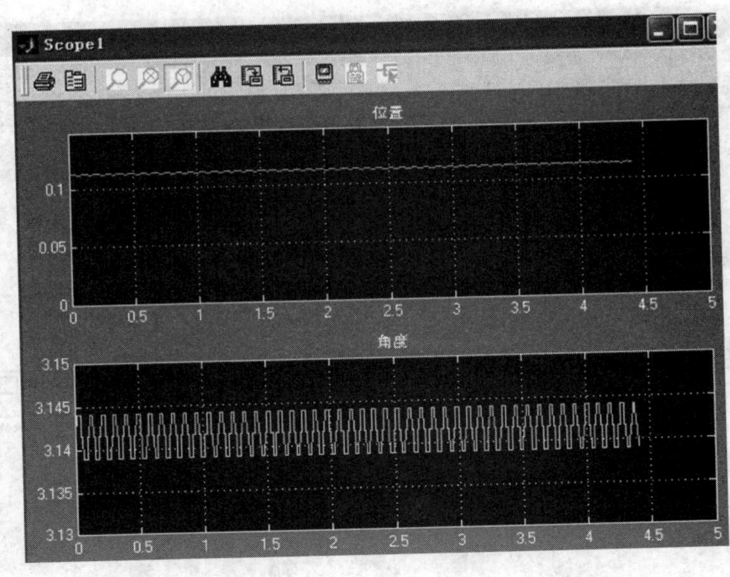

图 5－51　直线一级倒立摆 PID 控制实验结果 1

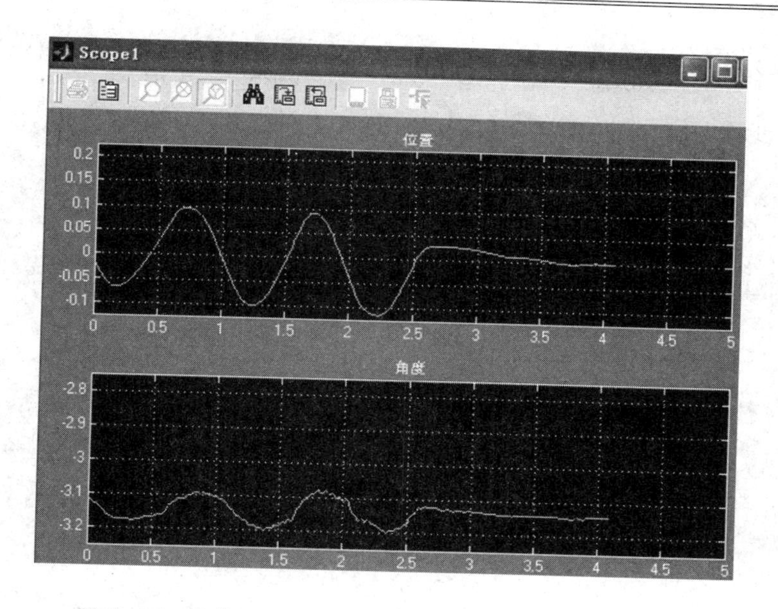

图 5-52　直线一级倒立摆 PID 控制实验结果 2(施加干扰)

可以看出，系统可以较好的抵御外界干扰，在干扰停止作用后，系统能很快回到平衡位置。

修改 PID 控制参数，如图 5-53 所示。

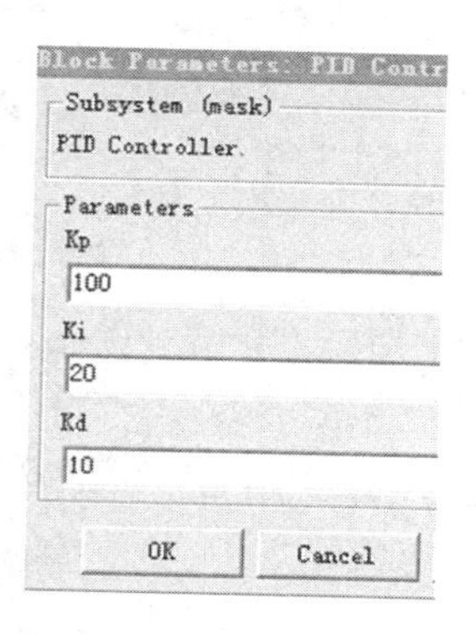

图 5-53　修改 PID 参数

观察控制结果的变化，可以看出，系统的调整时间减少，但是在平衡的时候会出现小幅的振荡，如图 5-54 所示。

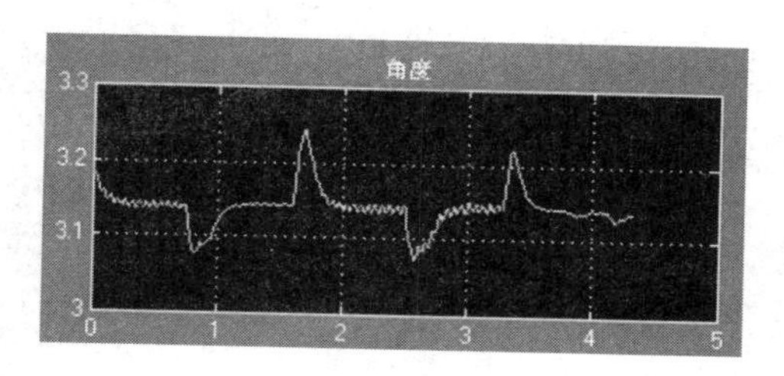

图 5-54　直线一级倒立摆 PID 控制实验结果 3(改变 PID 控制参数)

5.3.4 实验结果及实验报告

请将计算步骤、仿真和实验结果记录并完成实验报告。

本章思考题

简述直线一级倒立摆系统的组成，说明其PID控制实验原理并描述其仿真步骤。

第 6 章　直线一级顺摆建模和实验

直线一级倒立摆的摆杆在没有外力作用下，会保持静止下垂的状态，当受到外力作用后，摆杆的运动状态和钟摆类似，如果不存在摩擦力的作用，摆杆将持续摆动。很多时候，人们并不希望出现这种持续振荡的情况，例如吊车在吊动物体的时候，是希望物体能够很快地停止到指定的位置。下面对直线一级顺摆进行建模分析，并对其进行仿真和控制。

6.1　直线一级顺摆的建模与分析

6.1.1　直线一级顺摆的建模

同直线一级倒立摆的物理模型相似，直线一级顺摆也可以采用牛顿力学和拉格朗日方法进行建模和分析。对于牛顿力学方法，这里不再进行分析和计算，读者可以参考直线一级倒立摆的物理模型对其进行建模。下面采用拉格朗日方法对直线一级顺摆进行建模，如图 6 - 1 所示。

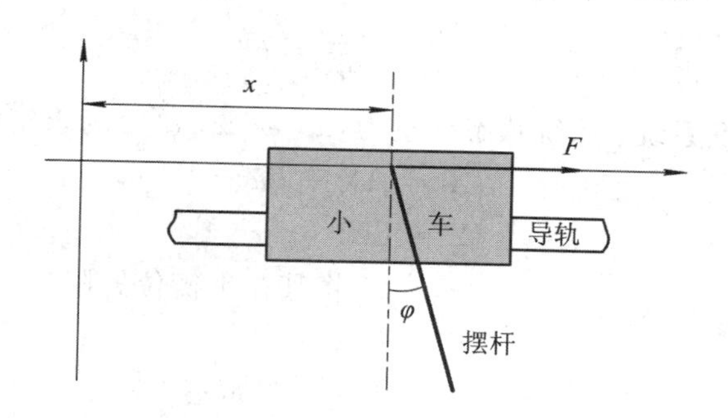

图 6 - 1　直线一级顺摆物理模型

拉格朗日方程为

$$L(q,\dot{q}) = T(q,\dot{q}) - V(q,\dot{q}) \tag{6-1}$$

其中 L 为拉格朗日算子，q 为系统的广义坐标，T 为系统的动能，V 为系统的势能。

$$\frac{\mathrm{d}}{\mathrm{d}t}\frac{\partial L}{\partial \dot{q}_i} - \frac{\partial L}{\partial q_i} = f_i \tag{6-2}$$

其中 $i=1, 2, 3, \cdots, n$，f_i 为系统在第 i 个广义坐标上的外力。

首先，计算系统的动能：

$$T = T_M + T_m$$

其中，T_M、T_m 分别为小车的动能、摆杆 l 的动能。

小车的动能：

$$T_M = \frac{1}{2}M\dot{x}^2$$

下面计算摆杆的动能：

$T_m = T_m' + T_m''$，其中 T_m'，T_m'' 分别为摆杆的平动动能和转动动能。

设变量 $xpend$ 为摆杆质心横坐标，$ypend$ 为摆杆质心纵坐标，则有

$$xpend = x + l\sin\varphi$$

$$ypend = -l\cos\varphi$$

摆杆的动能为

$$T_m' = \frac{1}{2}m\left(\left(\frac{\mathrm{d}(xpend)}{\mathrm{d}t}\right)^2 + \left(\frac{\mathrm{d}(ypend)}{\mathrm{d}t}\right)^2\right)$$

$$\begin{aligned} T_m'' &= \frac{1}{2}J_p\dot{\varphi}^2 \\ &= \frac{1}{6}ml^2\dot{\varphi}^2 \end{aligned}$$

于是有系统的总动能

$$T_m = T_m' + T_m'' = \frac{1}{2}m\left(\left(\frac{\mathrm{d}(xpend)}{\mathrm{d}t}\right)^2 + \left(\frac{\mathrm{d}(ypend)}{\mathrm{d}t}\right)^2\right) + \frac{1}{6}ml^2\dot{\varphi}^2$$

系统的势能为

$$V = V_m = m \times g \times ypend = -mgl\cos\varphi$$

由于系统在 φ 广义坐标下只有摩擦力作用，所以有

$$\frac{\mathrm{d}}{\mathrm{d}t}\frac{\partial L}{\partial \dot{\varphi}} - \frac{\partial L}{\partial \varphi} = b\dot{x}$$

对于直线一级顺摆系统，系统状态变量为 $\{x, \varphi, \dot{x}, \dot{\varphi}\}$。为求解状态方程：

$$\begin{cases} \dot{X} = AX + Bu' \\ Y = CX \end{cases}$$

需要求解 $\ddot{\varphi}$。因此，设 $\ddot{\varphi} = f(x, \varphi, \dot{x}, \dot{\varphi}, \ddot{x})$，将其在平衡位置附近进行泰勒级数展开，并线性化，可以得到

$$\ddot{\varphi} = k_{11}x + k_{12}\varphi + k_{13}\dot{x} + k_{14}\dot{\varphi} + k_{15}\ddot{x}$$

其中，$k_{11} = \left.\frac{\partial f}{\partial x}\right|_{x=0,\varphi=0,\dot{x}=0,\dot{\varphi}=0,\ddot{x}=0}$，$k_{12} = \left.\frac{\partial f}{\partial \varphi}\right|_{x=0,\varphi=0,\dot{x}=0,\dot{\varphi}=0,\ddot{x}=0}$，$k_{13} = \left.\frac{\partial f}{\partial \dot{x}}\right|_{x=0,\varphi=0,\dot{x}=0,\dot{\varphi}=0,\ddot{x}=0}$，$k_{14} = \left.\frac{\partial f}{\partial \dot{\varphi}}\right|_{x=0,\varphi=0,\dot{x}=0,\dot{\varphi}=0,\ddot{x}=0}$，$k_{15} = \left.\frac{\partial f}{\partial \ddot{x}}\right|_{x=0,\varphi=0,\dot{x}=0,\dot{\varphi}=0,\ddot{x}=0}$。

通过利用 MATLAB 对直线一级顺摆的建模进行计算，得到其参数：$k_{11} = 0$，$k_{12} = -\frac{3g}{4l}$，$k_{13} = 0$，$k_{14} = 0$，$k_{15} = -\frac{3}{4l}$。

设 $X = \{x, \dot{x}, \varphi, \dot{\varphi}\}$，系统状态空间方程为

$$\dot{X} = AX + Bu$$

$$Y = CX + Du$$

则有

$$\begin{bmatrix}\dot{x}\\ \ddot{x}\\ \dot{\varphi}\\ \ddot{\varphi}\end{bmatrix}=\begin{bmatrix}0&1&0&0\\0&0&0&0\\0&0&0&1\\0&0&-\frac{3g}{4l}&0\end{bmatrix}\begin{bmatrix}x\\ \dot{x}\\ \varphi\\ \dot{\varphi}\end{bmatrix}+\begin{bmatrix}0\\1\\0\\-\frac{3}{4l}\end{bmatrix}u \tag{6-3}$$

$$y=\begin{bmatrix}x\\ \varphi\end{bmatrix}=\begin{bmatrix}1&0&0&0\\0&0&1&0\end{bmatrix}\begin{bmatrix}x\\ \dot{x}\\ \varphi\\ \dot{\varphi}\end{bmatrix}+\begin{bmatrix}0\\0\end{bmatrix}u$$

通过转化可以得到

$$\ddot{\varphi}=-\frac{3g}{4l}\varphi-\frac{3}{4l}\ddot{x}$$

摆杆角度和小车位置的传递函数为

$$\frac{\Phi(s)}{X(s)}=\frac{\frac{-3}{4l}s^2}{s^2+\frac{3g}{4l}}$$

摆杆角度和小车加速度的传递函数为

$$\frac{\Phi(s)}{V(s)}=\frac{\frac{-3}{4l}}{s^2+\frac{3g}{4l}}$$

6.1.2 实际系统模型

实际系统的物理参数代入，可以得到系统的实际模型。

摆杆角度和小车位移的传递函数

$$\frac{\Phi(s)}{X(s)}=\frac{-3s^2}{s^2+29.4} \tag{6-4}$$

摆杆角度和小车加速度之间的传递函数为

$$\frac{\Phi(s)}{V(s)}=\frac{-3}{s^2+29.4} \tag{6-5}$$

因此以小车加速度作为输入的系统状态方程为

$$\begin{bmatrix}\dot{x}\\ \ddot{x}\\ \dot{\varphi}\\ \ddot{\varphi}\end{bmatrix}=\begin{bmatrix}0&1&0&0\\0&0&0&0\\0&0&0&1\\0&0&-29.4&0\end{bmatrix}\begin{bmatrix}x\\ \dot{x}\\ \varphi\\ \dot{\varphi}\end{bmatrix}+\begin{bmatrix}0\\1\\0\\-3\end{bmatrix}u'$$

$$y=\begin{bmatrix}x\\ \varphi\end{bmatrix}=\begin{bmatrix}1&0&0&0\\0&0&1&0\end{bmatrix}\begin{bmatrix}x\\ \dot{x}\\ \varphi\\ \dot{\varphi}\end{bmatrix}+\begin{bmatrix}0\\0\end{bmatrix}u' \tag{6-6}$$

6.1.3 系统可控性分析

对系统进行可控性分析，有

$$A=\begin{bmatrix}0&1&0&0\\0&0&0&0\\0&0&0&1\\0&0&-29.4&0\end{bmatrix},\ B=\begin{bmatrix}0\\1\\0\\-3\end{bmatrix},\ C=\begin{bmatrix}1&0&0&0\\0&0&1&0\end{bmatrix},\ D=\begin{bmatrix}0\\0\end{bmatrix}$$

代入式(6-6)，并在 MATLAB 中计算如下：

```
clear;
A=[ 0  1  0   0;
    0  0  0   0;
    0  0  0   1;
    0  0 -29.4 0];
B=[ 0  1  0  -3]';
C=[ 1  0  0   0;
    0  1  0   0];
D=[ 0 0 ]';
cona=[B A*B A^2*B A^3*B];
cona2=[C*B C*A*B C*A^2*B C*A^3*B D];
rank(cona)
rank(cona2)
```

或直接利用计算可控性矩阵的 ctrb 命令和计算可观性的矩阵 obsv 命令来计算。

```
Uc=ctrb(A, B);
Vo=obsv(A, C);

rank(Uc)
rank(Vo)
```

可以得到：

```
ans =
     4
ans =
     2
```

可以看出，和一级倒立摆相同，一级顺摆系统的状态完全可控性矩阵的秩等于系统的状态维数，系统的输出完全可控性矩阵的秩等于系统输出向量 y 的维数，所以系统可控，因此可以对系统进行控制器的设计，使系统稳定。

6.2 直线一级顺摆频率响应分析

参考 5.2 节直线一级倒立摆频率响应控制实验相关实验内容的原理，对直线一级顺摆进行频率响应分析，在 MATLAB 中键入以下命令：

```
clear;
```

```
num=[-3];
den=[1 0 29.4];
subplot(2, 1, 1)
bode(num, den)
subplot(2, 1, 2)
nyquist(num, den)
```

得到如图 6-2 和图 6-3 所示的结果。

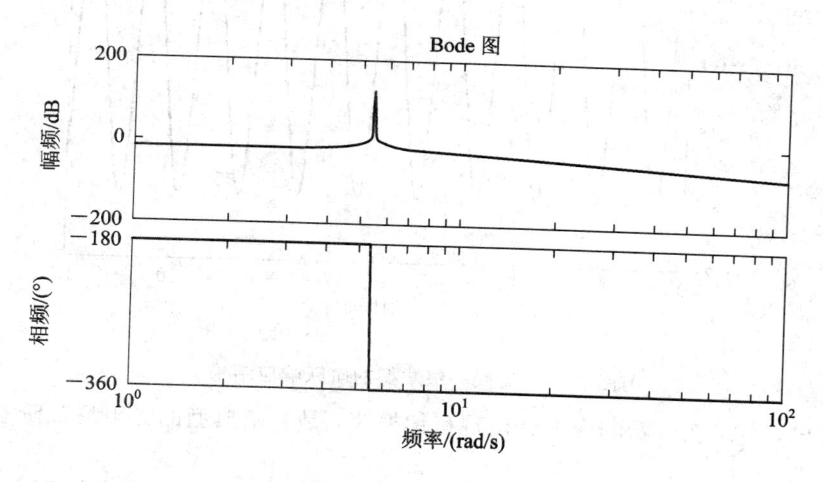

图 6-2　直线一级顺摆的 Bode 图

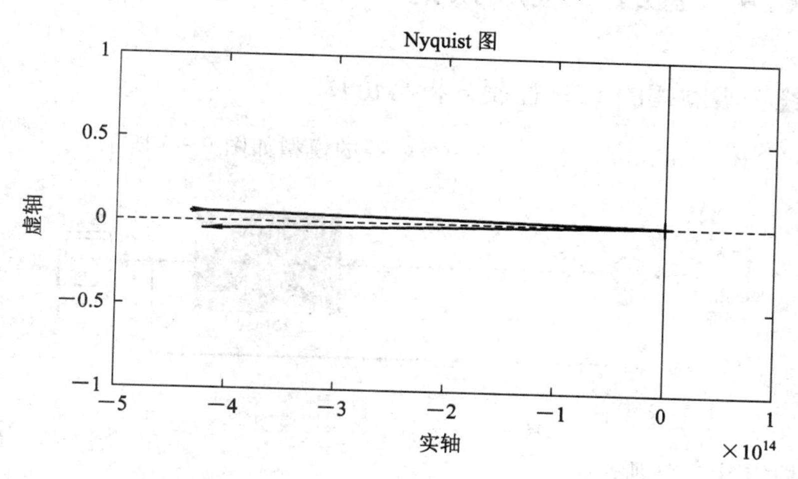

图 6-3　直线一级顺摆的 Nyquist 图

可以看出，系统的 Nyquist 曲线顺时针绕-1 点一圈，系统不稳定。

6.3　直线一级顺摆阶跃响应分析

同 5.1.2 节系统阶跃响应分析原理相似，对直线一级顺摆进行阶跃响应分析。

```
clear;
num=[-3];
```

```
den=[1 0 29.4];
step(num, den)
```

运行结果如图 6-4 所示。

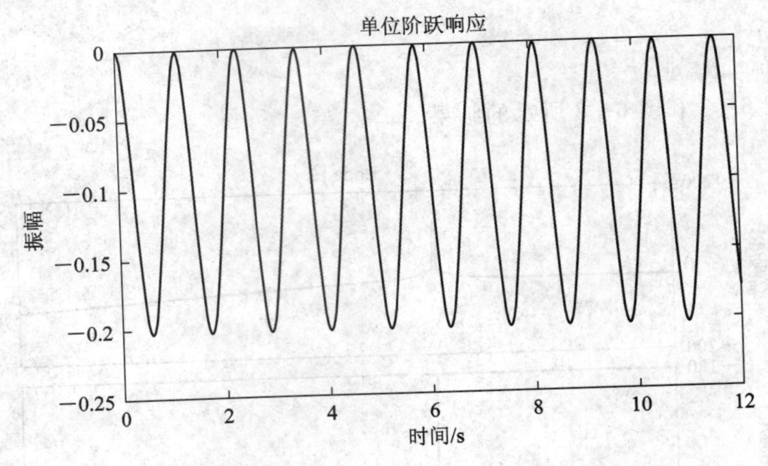

图 6-4　直线一级顺摆的阶跃响应结果

可以看出，系统在阶跃响应下会出现持续振荡，是一个典型的无阻尼二阶系统。

6.4　直线一级顺摆的 PID 控制仿真与实验

6.4.1　直线一级顺摆的 PID 控制分析与仿真

在 MTALAB Simulink 下建立直线一级顺摆的模型如图 6-5 所示。

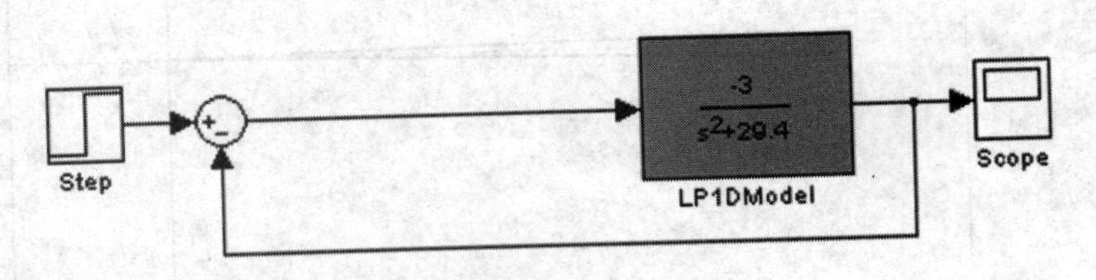

图 6-5　直线一级顺摆模型

运行结果如图 6-6 所示。

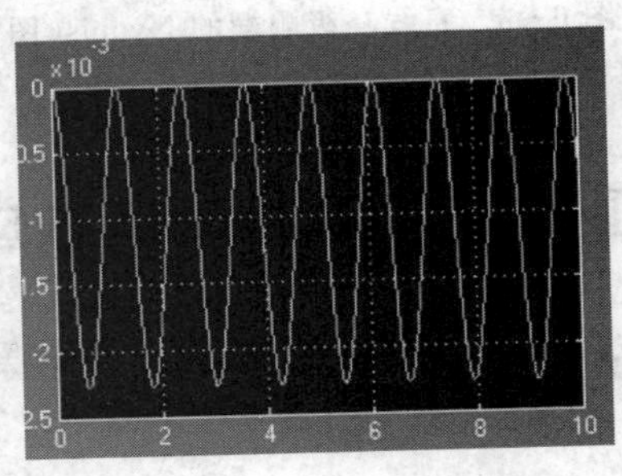

图 6-6　直线一级顺摆响应曲线

添加 PID 控制器，如图 6 - 7 所示。

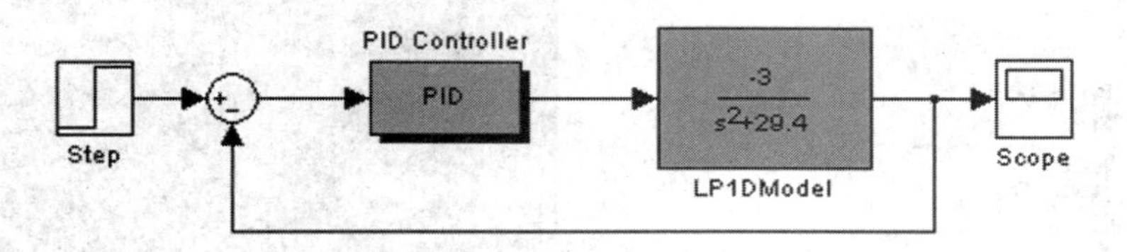

图 6 - 7　直线一级顺摆的 PID 控制仿真

双击 PID 模块设置 PID 参数，如图 6 - 8 所示。

注意： 由于系统模型中带有“－”号，因此 PID 参数需要设置为负值。

运行仿真得到结果，如图 6 - 9 所示。

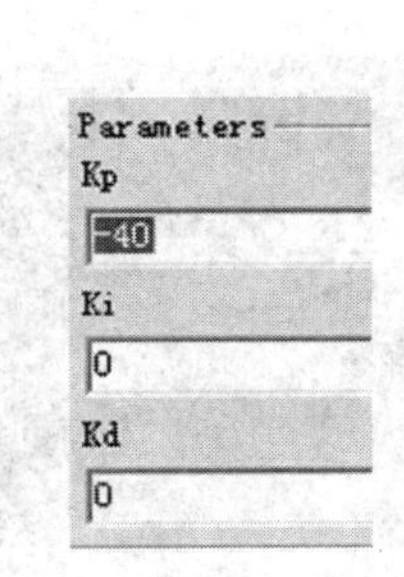

图 6 - 8　设置 PID 参数 P

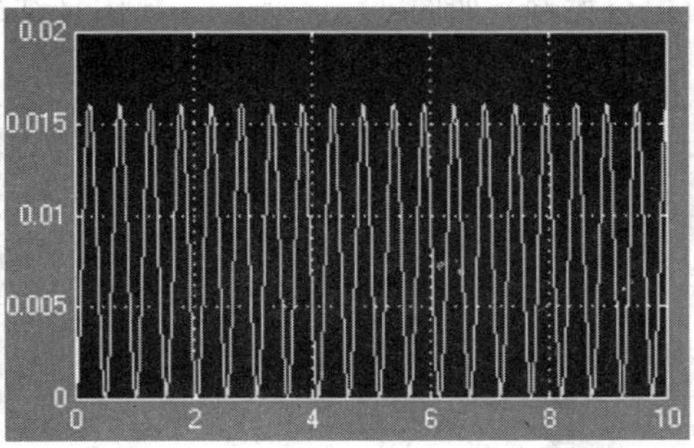

图 6 - 9　直线一级顺摆 P 控制结果

可以看出，在 P 控制器作用下，系统呈现等幅振荡，即需要给系统增加微分控制，设置 PID 参数如图 6 - 10 所示。

运行仿真得到结果，如图 6 - 11 所示。

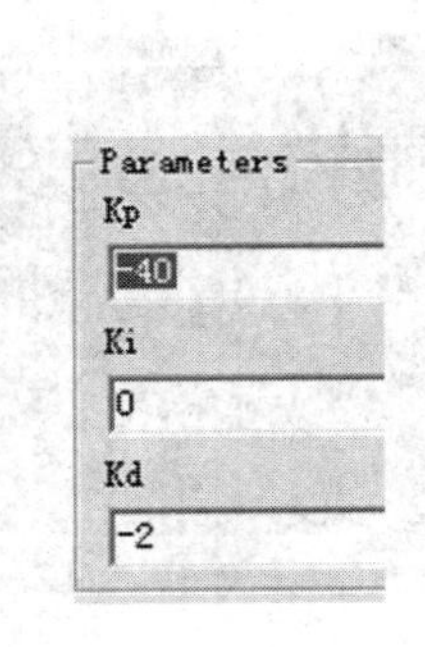

图 6 - 10　设置 PID 参数 PD

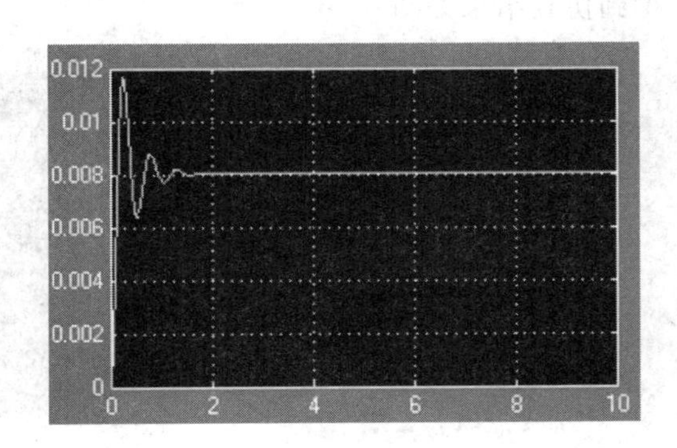

图 6 - 11　直线一级顺摆 PD 控制结果

可以看出，系统振荡次数过多，稳定时间较长，因此增加了微分参数，如图 6 - 12 所示。

给系统施加幅值为 0.01 的阶跃信号，得到仿真结果，如图 6 - 13 所示。

Parameters
Kp
-40
Ki
0
Kd
-4

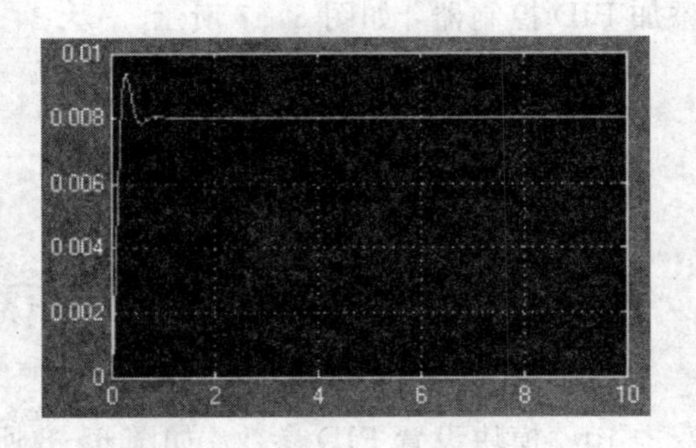

图 6-12　设置 PID 参数 PD　　　图 6-13　直线一级顺摆 PD 控制结果

可以看出，系统可以很快稳定，但是存在一定的稳态误差。为消除稳态误差，可给系统增加积分控制，如图 6-14 所示，其仿真结果如图 6-15 所示。

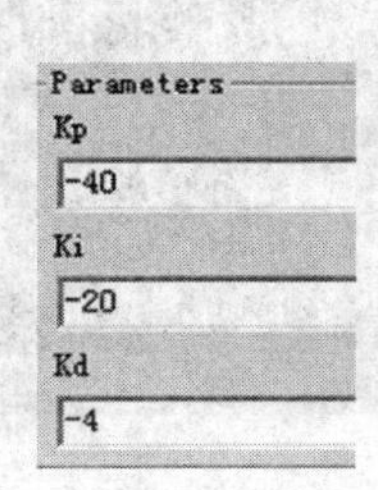

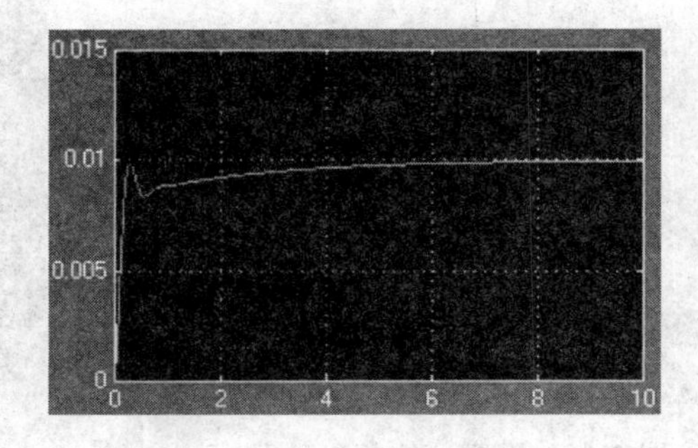

图 6-14　设置 PID 参数　　　图 6-15　直线一级顺摆的 PID 控制仿真

如果要求系统在 1 秒内达到平衡状态，则超调应不超过 20%。修改控制参数，观察仿真结果的变化，设置参数如图 6-16 所示。

得到仿真结果如图 6-17 所示。

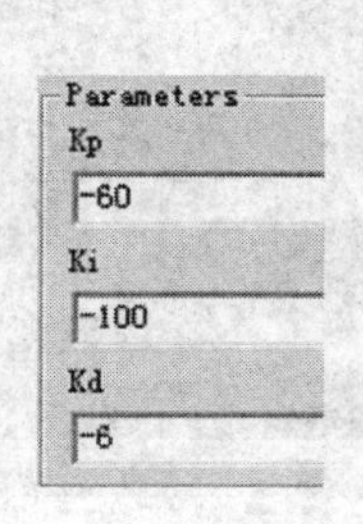

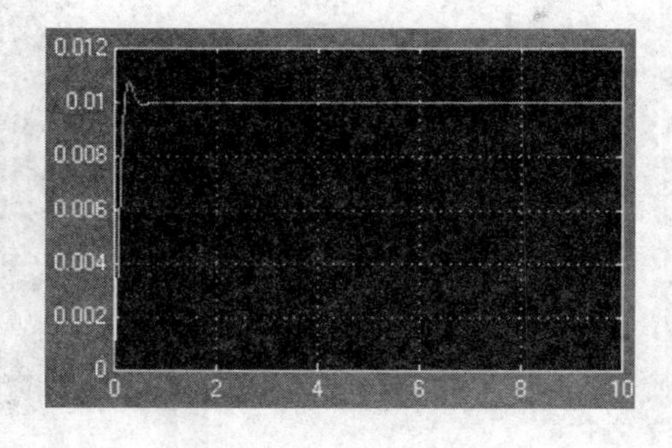

图 6-16　直线一级顺摆 PID 控制器　　　图 6-17　直线一级顺摆 PID 控制结果

从仿真结果来看，它基本上可以满足要求。

6.4.2　直线一级顺摆的 PID 实时控制实验

实时控制实验在 MATALB Simulink 环境下进行。

实验步骤如下：

(1) 在 MATLAB Simulink 中打开直线一级顺摆实时控制程序，PID 实时控制程序如图 6－18 所示。(进入 MATLAB Simulink 实时控制工具箱“Googol Education Products”，打开“Inverted Pendulum\Linear Inverted Pendulum\Linear 1-Stage Pendulum Experiment \ PID Experiments”中的“PID Control Demo”。)

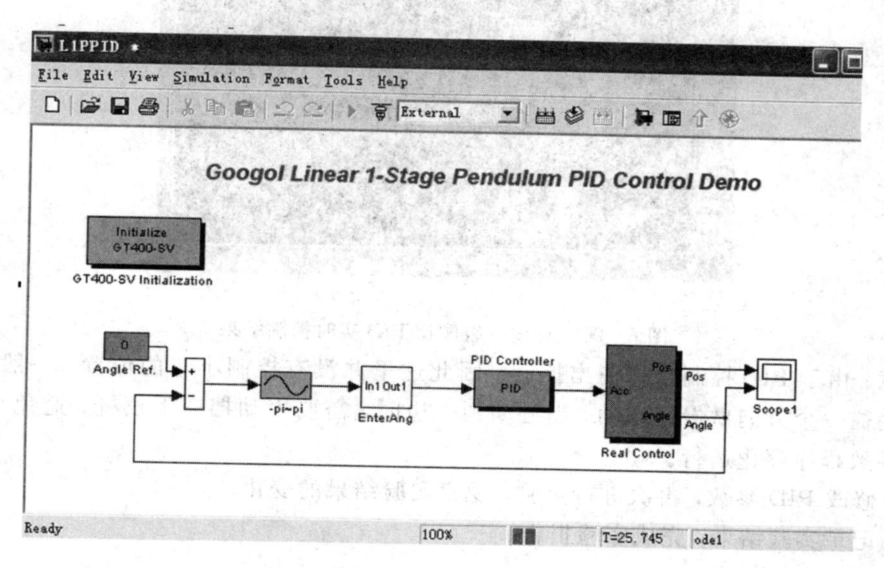

图 6－18　直线一级顺摆 PID 实时控制程序

(2) 双击“PID Controller”模块打开 PID 参数设置界面，如图 6－19 所示。把上一节仿真得到的 PID 参数输入其中。

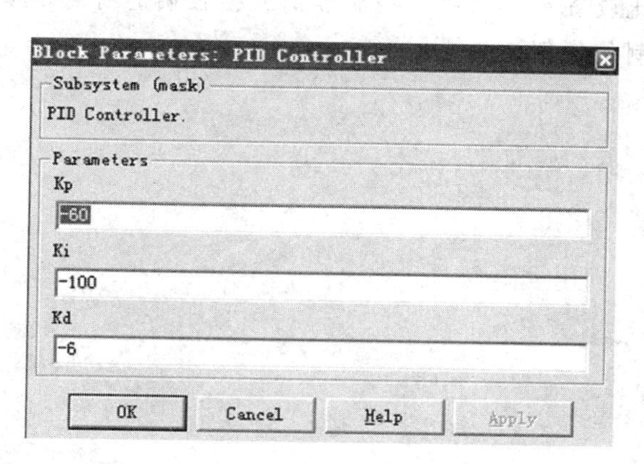

图 6－19　PID 参数设置界面

(3) 点击“▦”编译程序，在 MATLAB 命令窗口中有编译提示信息，在编译成功后进行以下实验。

(4) 打开电控箱电源，确认运行安全后进行下面的操作。

(5) 点击“▣”连接程序，连接成功后点击“▸”运行程序，在系统保持稳定的情况下给系统施加干扰。

得到实时控制结果，如图 6－20 所示。可以看出，在施加干扰后，系统在 1 秒内基本上可以恢复到新的平衡状态，超调也较小。

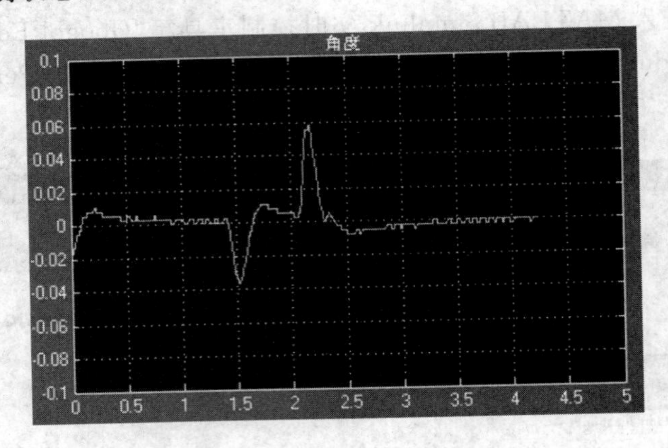

图 6-20　直线一级顺摆 PID 实时控制结果

注意：由于 PID 控制是单输出控制，因此这里并没有控制小车的位置。一般情况下，小车都会往一个方向做慢速运动，当运动到一边时，需要手动挡一下摆杆，避免小车运动到限位导致程序停止运行。

(6) 修改 PID 参数，再次进行实验，观察实验结果的变化。

(7) 记录实验结果，完成实验报告。

本章思考题

从控制器的角度比较直线一级顺摆控制和倒立摆控制的特点，并从现实生活或生产中找一近似于倒立摆控制的实例。

第7章　纺丝机温度控制系统实验

7.1　概　　述

随着社会的不断发展，温度在工业生产中成为一个越来越重要的过程变量。在石油、化工、机械制造和食品加工等众多领域，都需要对加热炉、保温炉等设备的温度进行控制；在日常生活、物资存储及天气预报等领域，温度也是非常重要的考虑因素。可以说温度影响着我们生产和生活的各个方面，而温度的控制具有复杂性和不确定性，因此开发一套高度可靠、稳定及控制精度高的先进温度控制系统是十分必要的。

纺丝机的计量泵等设备需要保持不同的恒定温度，并且要求精度范围在±1℃以内。设计开发一个智能恒温控制系统来实现温度控制，并且要求此温度控制系统具有一定通用性，这是很重要的待解决问题。

在现代生产领域，对于在一定范围内能够连续变化的模拟量常采用闭环控制的方法进行控制，其中PID控制就是一种常用的控制方式。PID控制有很多的优点：方便使用，具有很好的适用性，而且控制过程不易由于被控对象的变化发生不适应，因此能够在环境恶劣的工业控制现场使用。几十年的工程实践，使得PID控制除了有一套完整的参数调试方法，还有面对不同控制对象总结出来的经验参数范围，易被工程技术人员掌握的同时，也大大降低了调试PID各个参数的难度。一个合理的PID控制不仅可以快速根据系统的变化做出反应进行调节，而且精度比较高。此外PID控制通过参数整定能够大大提高系统的稳定性和可靠性，在工控系统设计领域得到广泛使用。针对纺丝机计量泵的温度控制需求，以可编程控制器(PLC)和人机界面(HMI)为主要硬件核心，利用PLC中CPU的PID工艺功能实现系统的温度控制。

7.2　纺丝机温度控制系统分析

7.2.1　纺丝机温度控制系统硬件构成

根据纺丝机的实际控制要求，系统的硬件应该包含如下内容：

(1) 根据具体的方案控制要求选择输入设备和输出设备。

(2) PLC选型及容量估算，并配置相关硬件模块和选择所需元器件。

(3) 根据方案要求设计电气控制原理图和硬件接线图。

(4) 根据所设计的图纸完成接线并进行硬件测试(或者利用软件进行系统仿真，可以降低成本)。

1. PLC 选型

纺丝机温度控制系统选用市场上使用较为广泛的德国西门子(SIEMENS)公司生产的可编程逻辑控制器。根据总体设计方案，在满足功能要求的前提下，应选择最可靠、方便维护及性价比最优的机型，因此选择将来方便替换和维护的 S7 - 1200 作为核心控制器设计控制系统。

S7 - 1200 属于小型 PLC，其自带 PROFINET 通信接口方便和上位机进行通信；S7 - 1200 具有内置电源，并且拥有一定数量的 I/O 端口；其单独一个 CPU 本身就可构成一个简单控制系统。如果系统设计方案比较复杂，也可以通过灵活配置其他硬件模块满足要求。

2. SM 1231 热电阻(RTD)模块

SM 1231 热电阻(RTD)模块是 S7 - 1200 系列 PLC 的模拟量信号模块，纺丝机温度控制系统选用的是 SM 1231 AI4×RTD×16bit 模块，含有 4 个模拟量通道。该模拟量信号模块能够测量连接设备输入的电阻值或者温度值，并根据输入转化成对应的十进制数值输送给 PLC 的 CPU。

该模块可以采用 2 线、3 线和 4 线方式对连接到模块的外部热电阻进行测量，其中 4 线连接方式精度最高，2 线连接方式精度最低。对于不使用的测量通道，可以将其短接或者在软件中将通道设置为禁用。

3. SM 1231 热电偶(TC)模块

SM 1231 热电偶(TC)模块是 S7－1200 系列 PLC 的模拟量信号模块，纺丝机温度控制系统选用的是 SM 1231 AI4×TC×16 bit 模块，含有 4 个模拟量通道。该模拟量信号模块能够测量连接设备输入的电阻值或者电压值，并根据输入转化成对应的十进制数值输送给 PLC 的 CPU。

4. PT100 铂热电阻

PT100 指在 0℃的时候阻值为 100 欧姆的铂热电阻。当它的温度为 100℃时，其阻值大约为 138.5℃，它的阻值会随着温度的变化而发生改变：当温度上升时，铂热电阻的阻值会发生接近匀速增长的变化。这就是铂热电阻作为测温元件的工作原理，即可以通过电阻的阻值变化来推测出铂热电阻所测量的温度。

5. K 型热电偶

热电偶作为一种常见的测温元件，它能够直接对温度进行测量，并且可以将温度信号转化为热电动势信号。根据这一特性，可以根据热电偶的热电动势信号推测出热电偶所测量的温度值。

热电偶测量温度的原理是“热电效应”：一个由 A 和 B 两种不同的导体或者半导体组成的回路，当其接点 1 和 2 的温度分别为 t_0 和 t 时，回路中就会有电流流过，该电流是由回路中产生的一个电动势引起的，人们将这种现象称为“热电效应”。由导体或者半导体 A 与 B 组成的这一回路叫做热电偶，A 和 B 称为热电偶的正负热电极，引起回路电流的电动势便是由于热电偶接点 1 和 2 温度不同形成的。

此外，热电偶的热电动势分为 A 和 B 的接触电动势及 A、B 单个导体的温差电动势两部分。实际上，热电偶回路中热电动势的大小与热电偶的形状尺寸没有任何关系，只受到组成热电偶的 A 和 B 的材料及两个接点 1 和 2 的温度 t 和 t_0 影响。

6. 固态继电器(SSR)

PLC 的 CPU 分为晶体管输出型和继电器输出型。晶体管输出型过载能力小，不能接功率比较高的负载(如果需要连接则需要添加中间继电器，通过小电流驱动大电流的方式控制大负载设备)，一般电流在 24 V 左右，最大不超过 30 V，但是晶体管输出型能够不限次数地开断，除非晶体管老化才会失效。而继电器输出型能够直接连接大负载外部设备，比如 220 V 的交流电机，但是继电器输出型由于继电器的动作寿命，无法进行高频率开断。

纺丝机温度控制系统选择的 CPU 为晶体管输出型，该类型的 CPU 输出端能够高频率通断，但是不能直接连接加热棒(加热棒属于功率较大的外接设备)，因此必须通过控制中间继电器来驱动加热棒进行加热。而普通的机械式继电器不能够连续高频率通断，这里选择能够连续高频率通断的固态继电器。

固态继电器(Solid State Relay，SSR)是全部由电子电路组成的无触点开关元件，它通过电子元器件的光、电磁特性将输入和输出可靠地隔离，利用半导体器件的开关特性实现被控电路的开断。相比传统的电磁继电器，固态继电器不含运动零部件、没有机械运动，但是二者在功能上是相同的。由于组成部分为电子元器件和半导体器件，固态继电器可以长时间高频率实现通断，不用担心电磁继电器因触点长时间开闭而损坏的问题，寿命比较长。此外输入和输出之间的隔离使得固态继电器可靠性更高，避免电磁带来的干扰。诸多优点使得固态继电器在工业自动化生产领域得到广泛应用，例如在电热炉加热系统、安全消防系统、仪器仪表、医疗器械、电机和电磁阀、化工和冶金、机械加工和食品加工等各种领域，固态继电器凭借其特点都能实现以弱电信号直接驱动大功率负载外部设备的目的。

固态继电器内部电路分为输入电路、隔离(耦合)电路和输出电路三部分，固态继电器工作原理图如图 7-1 所示。

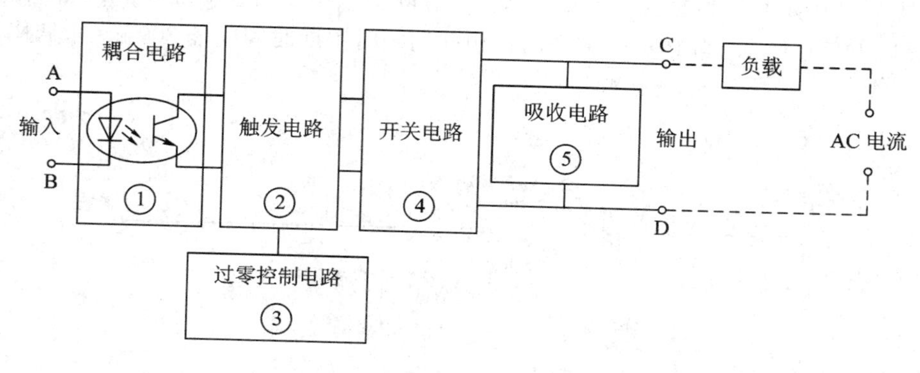

图 7-1　固态继电器(SSR)工作原理图

输入电路：根据不同的输入电压，输入电路有直流输入电路、交流输入电路和交直流输入电路三种。

隔离电路：固态继电器具有光电耦合和变压器耦合两种输入与输出电路之间的隔离和耦合方式，通常使用光电二极管—光电三极管光电耦合，实现控制侧与负载侧隔离控制。

输出电路：固态继电器的输出电路有直流输出电路、交流输出电路和交直流输出电路三种形式。根据负载的不同，又分为直流固态继电器和交流固态继电器。直流输出时通常使用功率场效应管或双极性器件，交流输出时通常使用两个可控硅或一个双向可控硅。

固态继电器有很多优点：

(1) 光电隔离带来的高寿命、高可靠度。

(2) 微电子元器件取代零部件带来的高转换速率、高灵敏度。

(3) 由于没有输入线圈，固态继电器抗电磁干扰的能力很强。

但是固态继电器也有不少缺点：

(1) 含有漏电流，无法实现理论上的“断开和闭合”——电隔离。

(2) 导通电阻比较大。

(3) 成本比传统的电磁继电器高。

(4) 受温度干扰影响大。

但是随着技术的进步，固态继电器的缺点慢慢地被克服，如今其在工控自动化领域的应用越来越广泛。

7.2.2 纺丝机温度控制系统数学模型

实际控制系统中的温度、压力和液位等物理量，可近似由 2 个惯性环节串联组成，其增益为 GAIN，2 个惯性环节的时间常数分别为 TIM1 和 TIM2。本系统中模拟被控对象的数学模型传递函数为

$$\frac{\mathrm{GAIN}}{(\mathrm{TIM1}s+1)(\mathrm{TIM2}s+1)}$$

分母中的“s”为自动控制理论中拉普拉斯变换的拉普拉斯算子。将某一时间常数设为 0，可以减少惯性环节的个数。图 7-2 中被控对象的输入值 INV 是 PID 控制器的输出值 LMN，被控对象的输出值 OUTV 作为 PID 控制器的过程变量(反馈值)PV_IN。

如图 7-2 所示是模拟被控对象的子程序，实际上只用了两个惯性环节，其时间常数分别为 TIM1 和 TIM2。用与 PID 的采样周期相同的定时中断时间间隔 200 ms 来调用这个子程序。

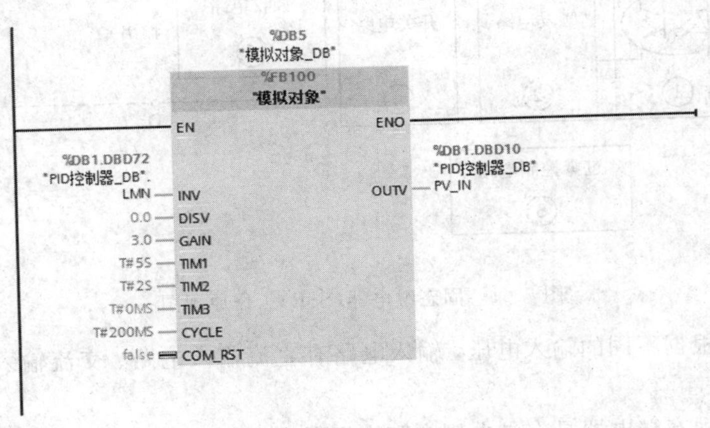

图 7-2 模拟对象子程序

7.3　纺丝机温度控制系统电气原理图和人机界面

7.3.1　纺丝机温度控制系统电气原理图

1. I/O 地址分配

纺丝机温度控制系统的具体输入输出 I/O 地址分配如表 7-1 所示。

表 7-1　恒温控制系统 I/O 地址分配表

名　　称	数据类型	地　　址
加热棒 1(TC3)	Bool	%Q0.0
加热棒 2(TC2)	Bool	%Q0.1
加热棒 3(RTD2)	Bool	%Q0.2
加热棒 4(RTD3)	Bool	%Q0.3
启动指示灯	Bool	%Q0.4
自动指示灯	Bool	%Q0.5
手动指示灯	Bool	%Q0.6
停止按钮	Bool	%I0.0
启动按钮	Bool	%I0.1
自动(ON)/手动(OFF)	Bool	%I0.2
温度 3	Int	%IW100
温度 4	Int	%IW102
温度 1	Int	%IW118
温度 2	Int	%IW116

2. 纺丝机温度控制系统电气原理图

根据恒温控制方案设计要求，纺丝机温度控制系统的电气原理图如图 7-3 所示。

7.3.2　人机界面(HMI)设计

在进行人机界面(HMI)画面组态之前，先根据纺丝机温度控制系统的方案完成人机界面(HMI)和 PLC 以及 PC 之间的组态，项目视图如图 7-4 所示。

如图 7-5 至图 7-7 所示是纺丝机温度控制系统的人机界面(HMI)设计。

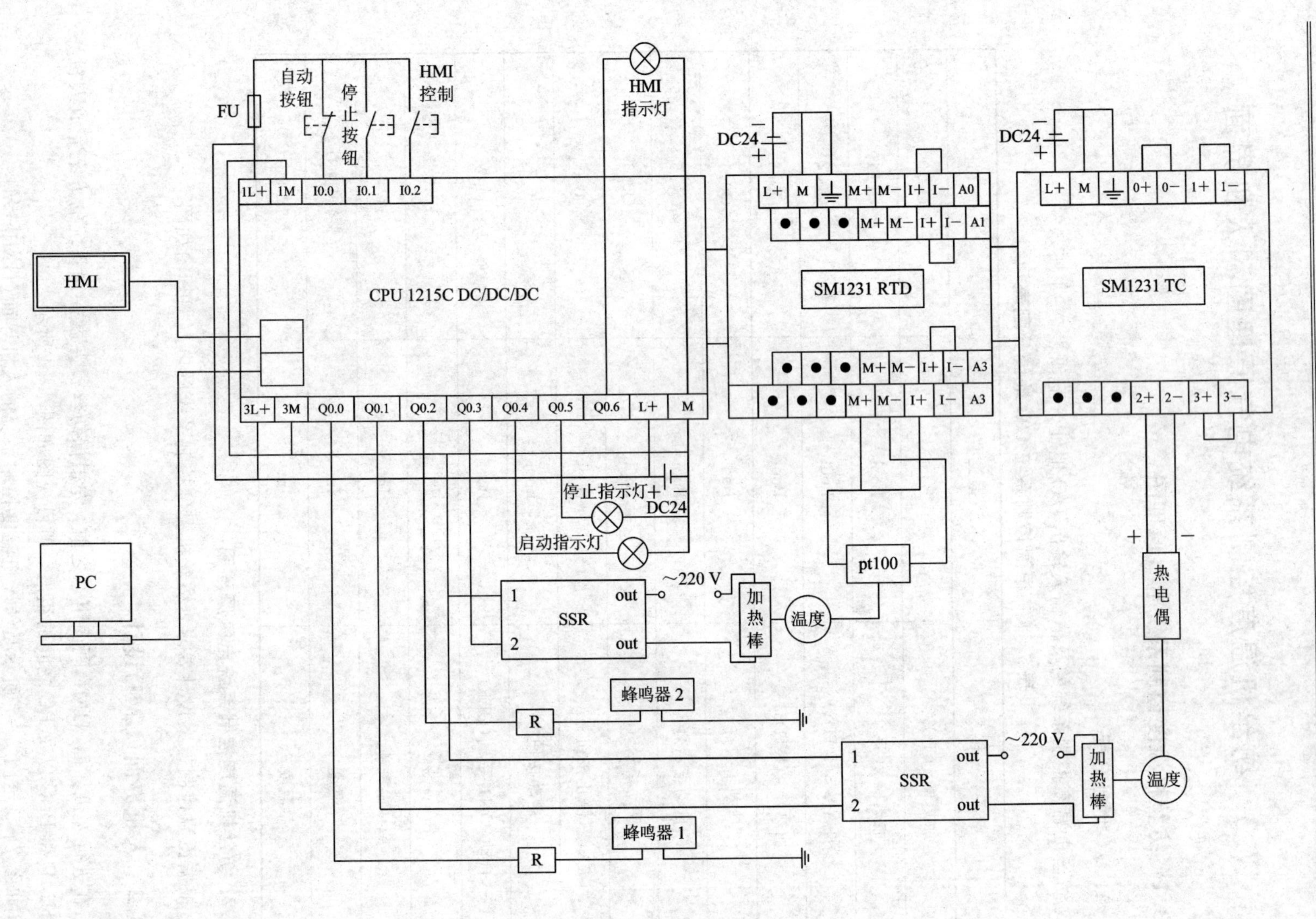

图 7-3 控制系统电气原理图

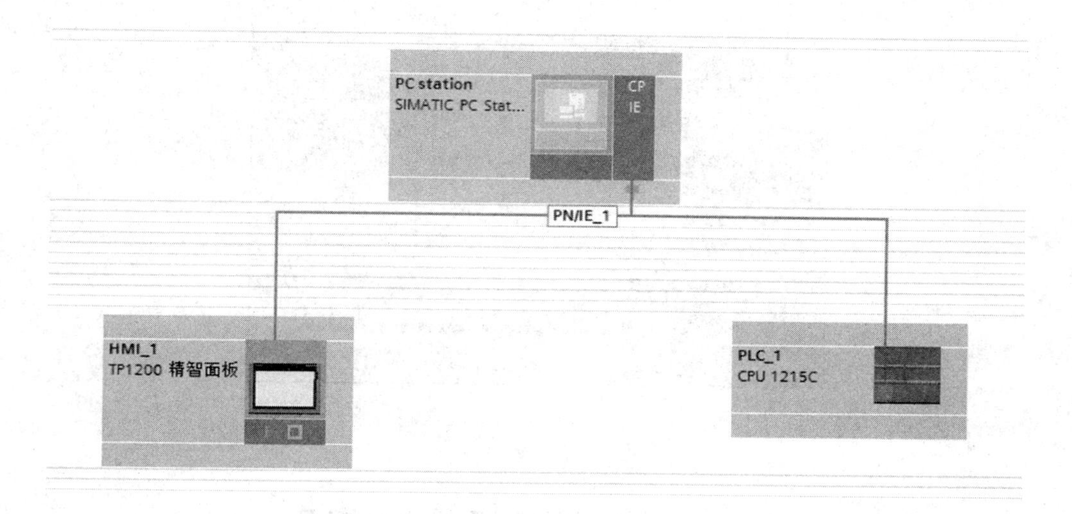

图 7－4　温度控制系统的组态

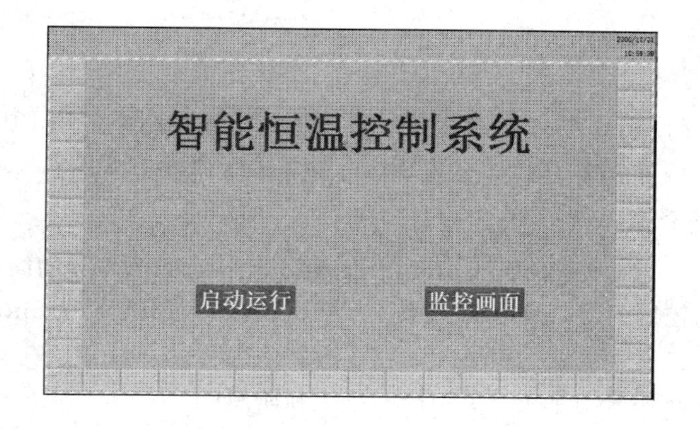

图 7－5　初始画面

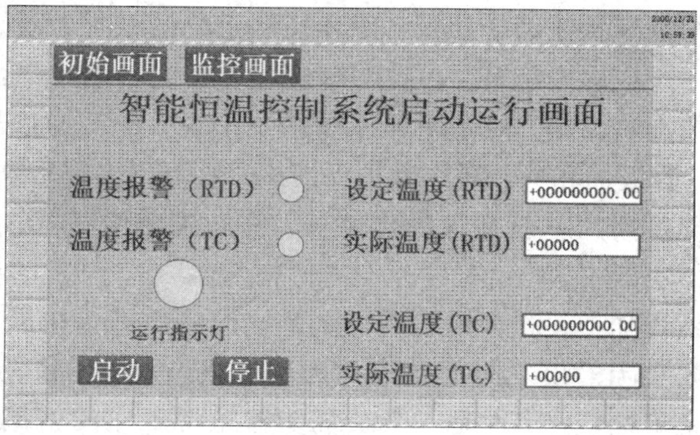

初始画面　监控画面

智能恒温控制系统启动运行画面

温度报警（RTD）　设定温度(RTD) +000000000.00

温度报警（TC）　实际温度(RTD) +00000

运行指示灯　设定温度(TC) +000000000.00

启动　停止　实际温度(TC) +00000

图 7－6　启动运行

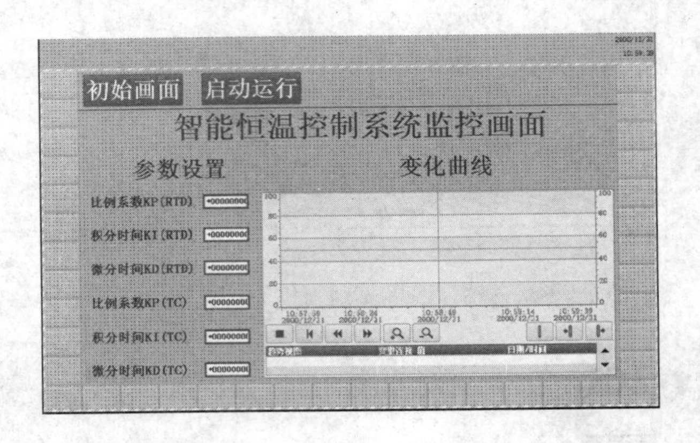

图 7-7　监控画面

7.4　控制原理及算法实现

7.4.1　PID 控制

对于温度的控制调节，纺丝机温度控制系统采用工业控制中常用 PID 闭环控制方法进行控制，S7—1200 内部含有 PID 工艺模块，可以在编程中调节使用。

1. PID 控制简介

PID(比例-积分-微分)是 Proportion Integration Differentiation 的简称，是一种具有反馈环节的闭环自动控制系统，其中 P(比例)为 Proportion，I(积分)为 Integral，D(微分)为 derivative。

控制系统分为开环控制系统、闭环控制系统和阶跃响应。

开环控制系统：被控制量不会对控制器的输入产生影响，即输出结果不会反馈到系统中。

闭环控制系统：与开环控制系统相反，闭环控制系统的被控制量会反送回来影响控制器的输入，从而形成一个或多个闭环。在控制理论中，系统输出结果影响系统输入称为反馈，反馈又分为正反馈和负反馈。对于闭环控制系统来说，若反馈信号与系统给定值信号相反，则称为负反馈；若极性相同，则称为正反馈。一般闭环控制系统均采用负反馈，又称负反馈控制系统。实现反馈的一般是各种传感器，例如温度传感器、压力传感器、红外传感器等。

阶跃响应：当给系统加上一个阶跃输入时，系统的输出即为阶跃响应。系统响应达到稳态后，系统的期望与实际输出之间的差值称为稳态误差，常用稳、准、快来描述控制系统的性能。稳指的是稳定性，稳定性是一个系统能够正常工作的前提，对阶跃响应来说表现为收敛；准指的是控制精度，常用稳态误差来体现；快指的是快速性，通常用上升时间来体现。

纺丝机温度控制系统中的变量是温度，所以考虑采用闭环控制。闭环自动控制技术是根据反馈的概念来降低系统的不确定性，反馈主要包括测量、比较和执行三个要素。测量的关键是被控量的实际值与期望值的比较，通过偏差来纠正整个系统的响应，最后根据比较结果进行调节控制。在实际工程中，应用最为广泛的调节器控制规律为比例、积分、微分控制，简称PID控制，又称PID调节。PID控制作为实际工程中应用最为广泛的调节器控制规律，自70年前问世以来，凭借其简单的结构、可靠性、稳定性和方便调节的特点，逐渐取代其他控制器成为工业控制领域的常用控制方式之一。

PID控制的原理图如图7-8所示。

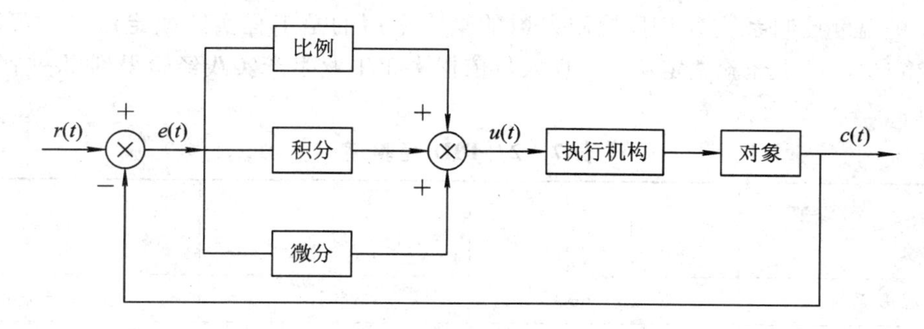

图7-8　PID控制原理图

PID控制的传递函数为

$$G(s)=\frac{U(s)}{E(s)}=K_{\mathrm{p}}\left[1+\frac{1}{T_{\mathrm{i}}s}+T_{\mathrm{d}}s\right]$$

式中，K_{p}为比例系数，T_{i}为积分时间常数，T_{d}为微分时间常数。

2. PID控制应用

在工业自动化生产过程中，有些物理变量(如温度、压力、液位等)需要保持数值不变或者按某种确定变化来满足工业自动化生产的要求，这里就需要用到PID控制。PID控制通过接收到的实际值与系统设定值之间的偏差来对整个控制系统进行调节，直到变量的实际值与设定值保持一致(在一定精度要求内)。在工业自动化生产过程应用中，PID调节只需对设定的三个参数(比例系数K_{p}，积分时间常数T_{i}和微分时间常数T_{d})进行调节整定，选择合适的参数组合就能够实现工业自动化生产要求。实际上，对于PID控制器中的P—比例控制单元、I—积分控制单元和D—微分控制单元，在很多情况下只需要其中的一到两个单元就能达到预期的调节效果，例如PI控制和PD控制就能满足一些生产过程变量调节要求。但是不论哪种控制方式其中必须有比例控制单元P，否则达不到预期的控制效果。

虽然PID控制的应用范围非常广泛，而且在很多实际应用中效果也不错，但是当面对工业自动化生产的过程特别复杂时，PID控制效果不是特别好，而且一旦PID控制器无法对复杂过程进行控制，调整参数是起不到任何作用的，也改变不了结果。但是在目前来看，PID控制作为众多控制规律中最为常见和有效的控制方式，仍被广泛应用并在不断改进中。

7.4.2　PID参数整定

PID控制的难点在于PID参数的调整，而不在于编程，PID的参数整定是工业自动化控制系统设计中PID控制的核心内容。PID控制的参数整定大体上分为两类：理论计算整定法和工程实践整定法。前者先是建立控制系统的数学模型，通过对数学模型的理论计算得到PID控制器的各个参数，但是根据理论计算得出的参数并不能直接作为最终参数使用，还需要结合工程试验进行修改和调整，才能确定最终的参数。后者则是依靠多年来的工程实践所得的经验，直接选择试验范围内的某一参数进行试验，根据试验结果对参数进行修改，反复迭代，最终得到比较合理的参数。工程实践整定法由于操作简单，方便工程人员理解和掌握，在工业控制系统领域被广泛使用，而理论计算整定法则更多地应用在科研学术领域和一些要求比较严苛的特殊控制系统中。工程实践整定法主要有临界比例度法、衰减曲线法、经验法和响应曲线法。

纺丝机温度控制系统对 PID 控制参数的整定采用的是工程实践整定法中的经验法和系统自整定法。对于经验整定法，工程人员依据多年工业生产实践经验得到了一个参数参考表，如表 7－2 所示。

表 7－2　PID 经验值

参数 对象	P(%)	I	D
温度系统	20—60	3—10	0.5—3
流量系统	40—100	01—1	
压力系统	30—70	0.4—3	
液位系统	20—80	1—5	

方法：根据经验为 PID 控制器选择某些参数值，然后直接改变闭环系统中的预设值得到输出曲线，通过输出曲线，并结合 K_p、T_i、T_d 调节规律，调整相应的参数进行试凑，直到曲线达到预期结果，停止调试。

7.4.3　PID 方法的 PLC 实现

根据恒温控制系统的要求，分别对 A、B、C、D 四个温度点进行温度的采集和处理输出调节，博图(TIA Portal)中含有集成的 PID 工艺功能块，只需要在循环中断程序中调用即可，具体如图 7－9 所示。

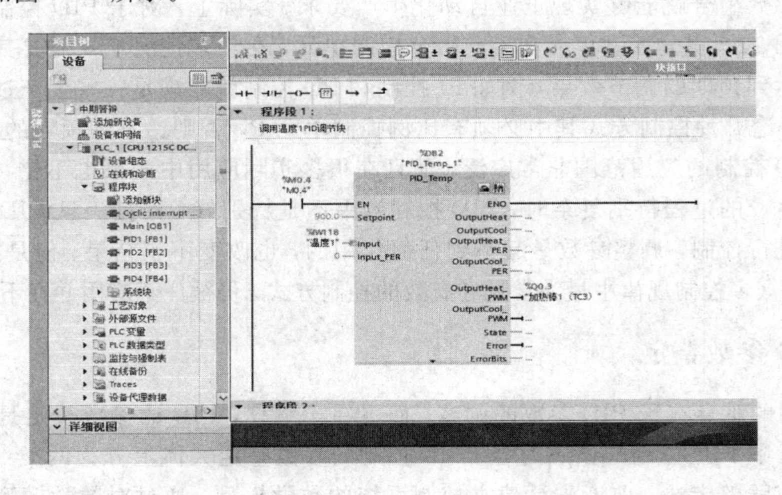

图 7－9　中断程序调用 PID

使用PID工艺功能块的过程中，需要根据PLC控制系统的需求设置温度输入值和相关参数，具体如图7-10所示。

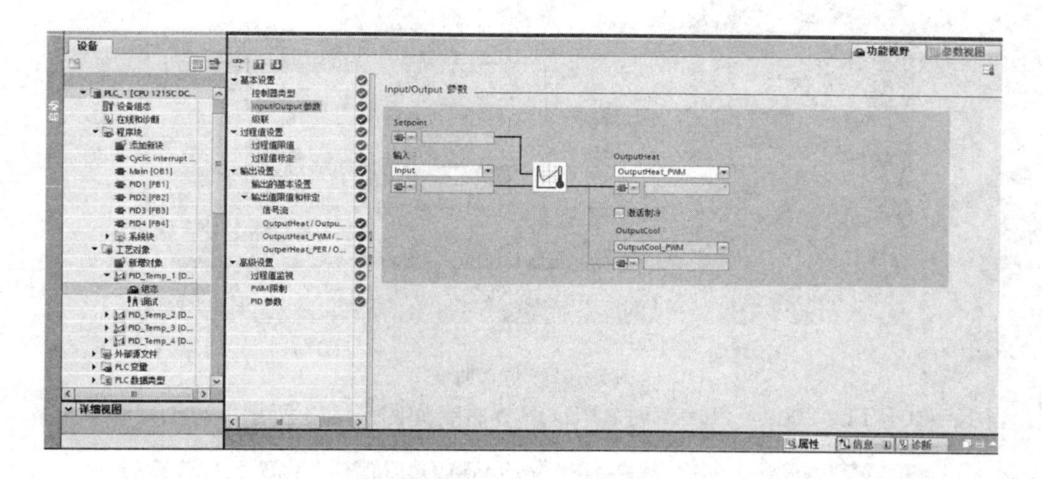

图7-10　PID组态设置

7.5　纺丝机温度控制系统实验

7.5.1　人机界面

人机界面(HMI)设计如图7-11所示。

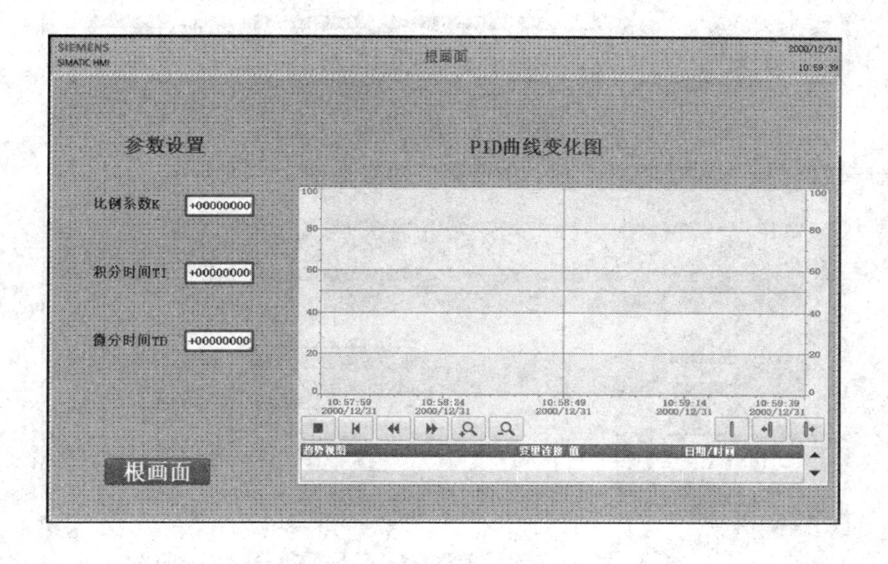

图7-11　仿真画面

7.5.2　温度控制系统PID控制结果

当K=10，TI=1000，TD=0时，PID调节曲线如图7-12所示。

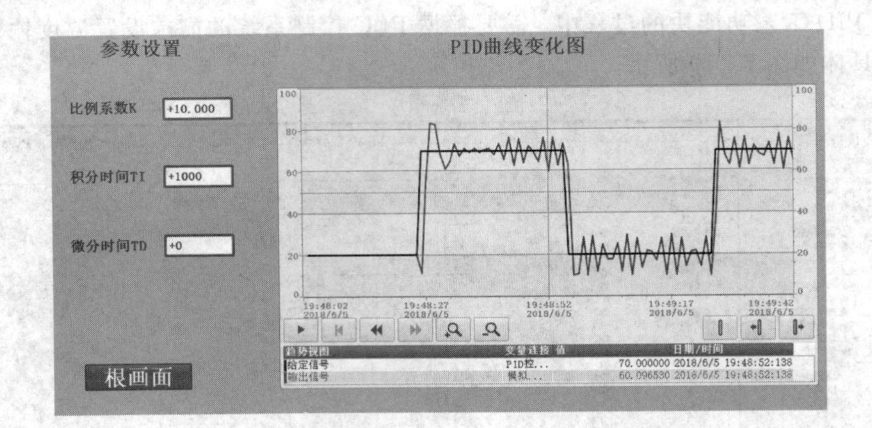

图 7-12 仿真曲线 1

当 K=10，TI=2000，TD=0 时，PID 调节曲线如图 7-13 所示。

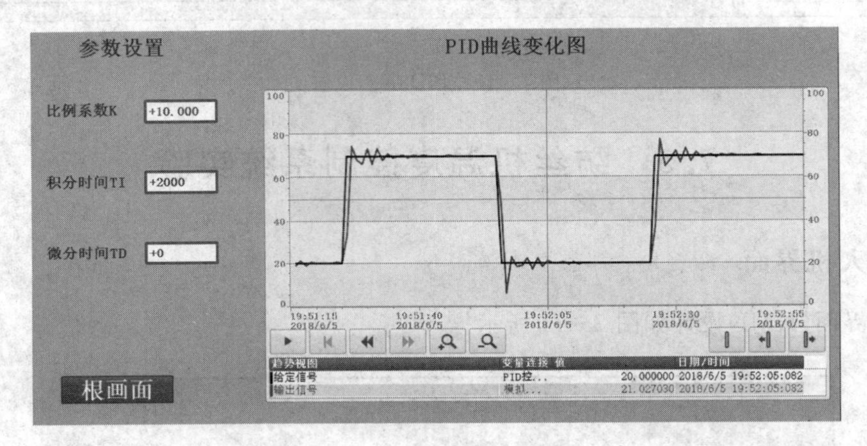

图 7-13 仿真曲线 2

当 K=10，TI=3000，TD=0 时，PID 调节曲线如图 7-14 所示。

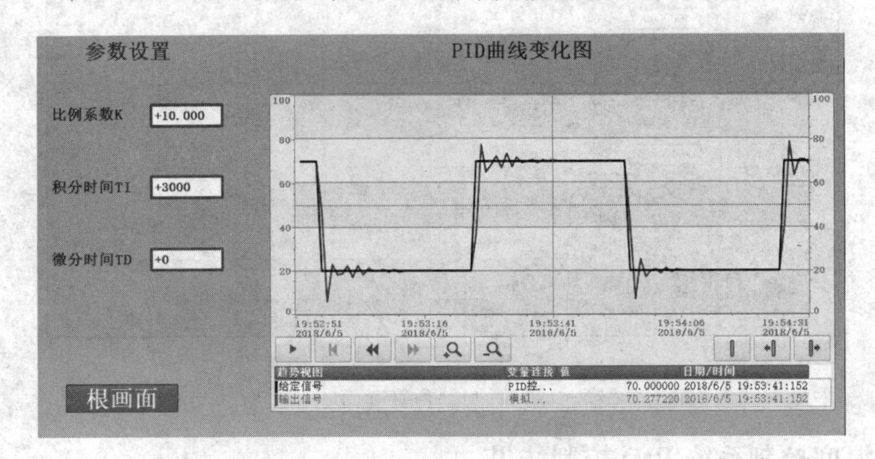

图 7-14 仿真曲线 3

当 K=10，TI=4000，TD=0 时，PID 调节曲线如图 7-15 所示。

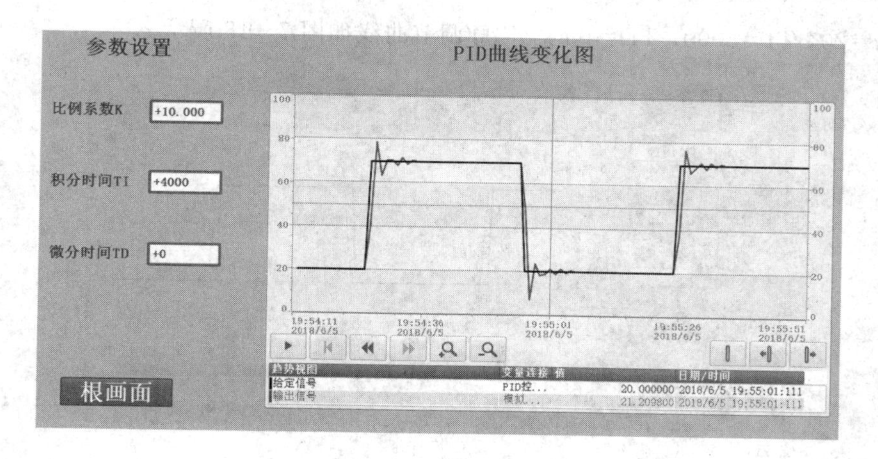

图 7-15　仿真曲线 4

当 K=20，TI=4000，TD=0 时，PID 调节曲线如图 7-16 所示。

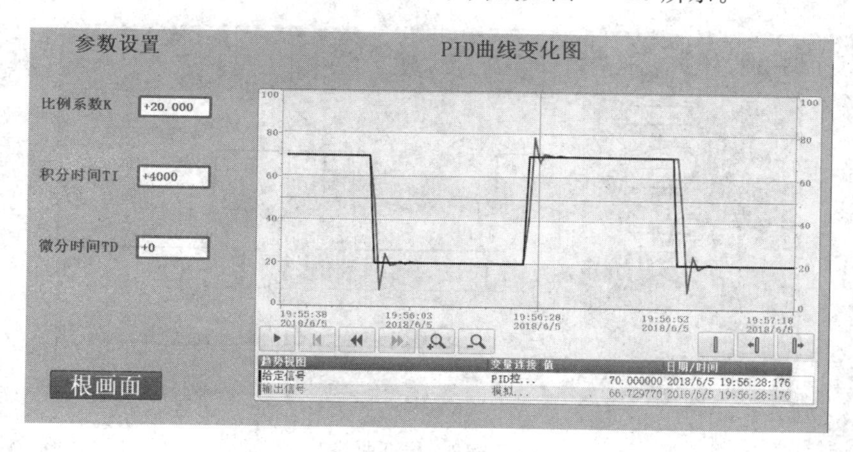

图 7-16　仿真曲线 5

当 K=30，TI=4000，TD=0 时，PID 调节曲线如图 7-17 所示。

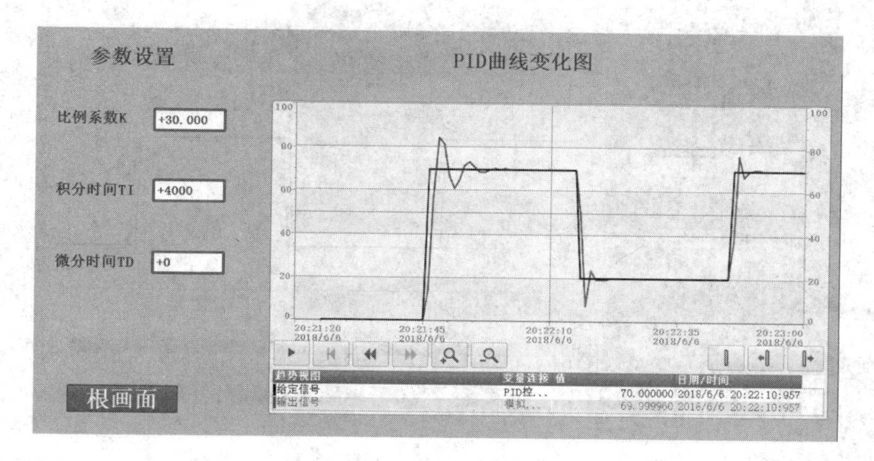

图 7-17　仿真曲线 6

当 K＝20，TI＝5000，TD＝0 时，PID 调节曲线如图 7－18 所示。

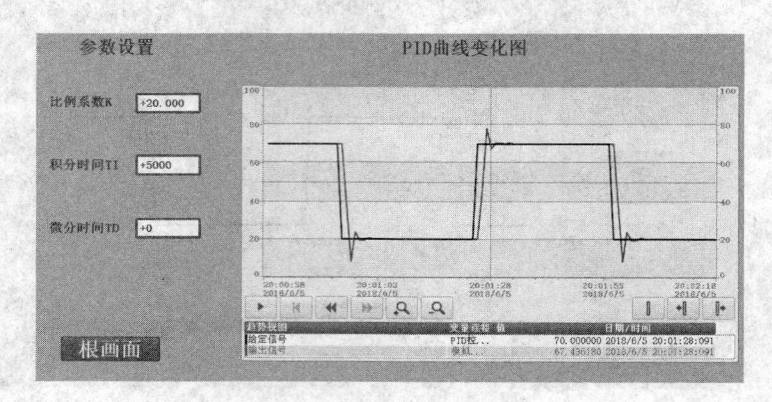

图 7－18　仿真曲线 7

当 K＝20，TI＝5000，TD＝500 时，PID 调节曲线如图 7－19 所示。

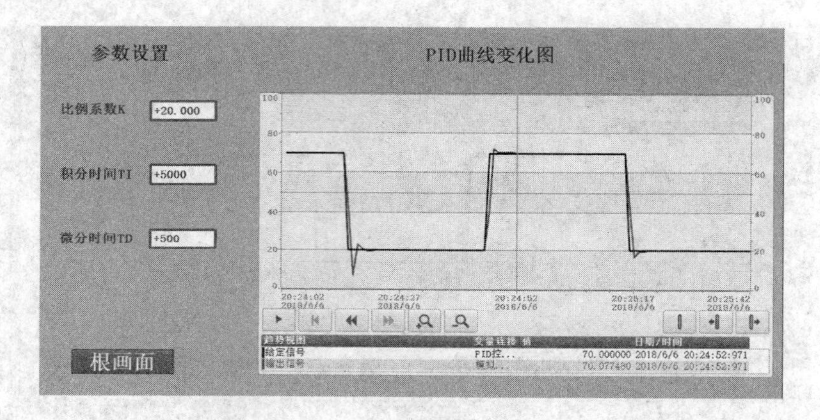

图 7－19　仿真曲线 8

当 K＝20，TI＝5000，TD＝1000 时，PID 调节曲线如图 7－20 所示。

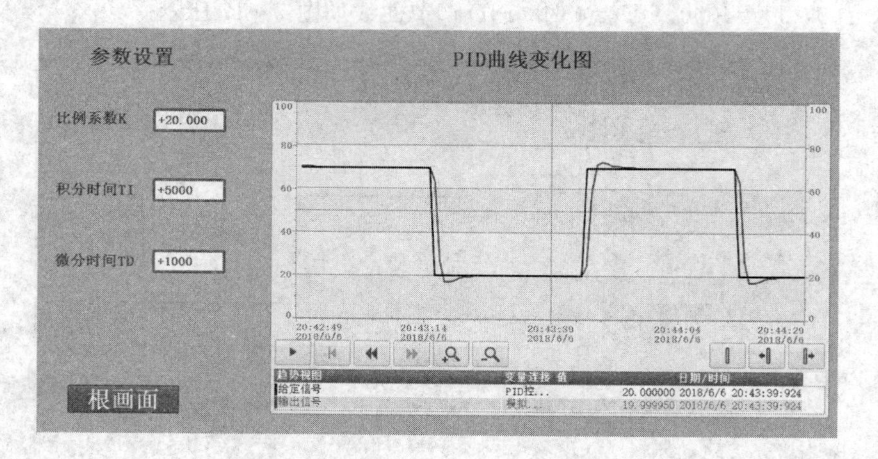

图 7－20　仿真曲线 9

当 K＝20，TI＝5000，TD＝600 时，PID 调节曲线如图 7-21 所示。

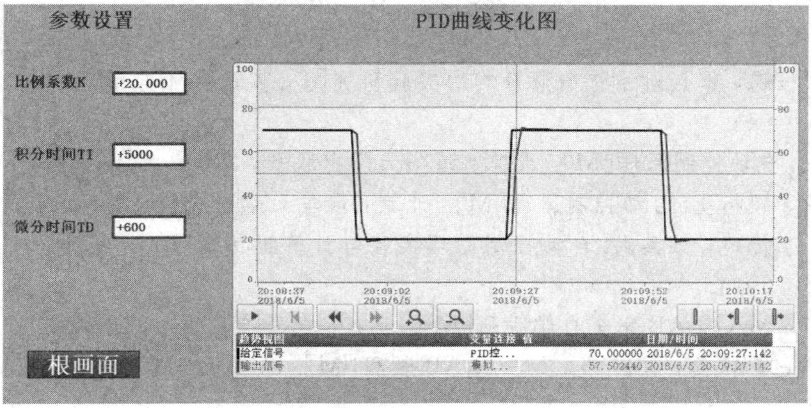

图 7-21　仿真曲线 10

通过不断调试参数观察曲线变化得到：当 K＝20，TI＝5000，TD＝600 时，PID 仿真的结果较好。可见，当超调过大时，我们可以适当减小 KP 或者增大 TI，但是若调节比较缓慢，调节方式则相反。当无论如何调节 KP 和 TI，输出超调仍旧较大，此时可添加微分环节，通过增减微分时间 TD 减小超调量。

对于 PID 调节，P 的作用为快速调节；I 的作用为精确调节；D 的作用为稳定调节。

比例调节(P)：增大比例调节参数，系统反应速度提高，稳态误差减小，但是输出不够稳定，容易发生振荡，系统稳定性降低。

积分调节(I)：系统在调节过程中会积累误差，比例调节能够及时反应，但是无法保证精度，积分调节的作用就是消除系统中的积累误差，提高系统的输出精度，但是积分作用比较慢，可能会影响系统性能。

微分调节(D)：微分调节具有超前作用，能够减小系统的超调量，有利于系统的稳定性，但微分调节常数过大会降低系统抗干扰能力，且在系统接近稳定时后续调剂比较慢。

根据 PID 控制中各个参数的作用和特点，结合多年工程实践得到的温度 PID 控制参考参数范围，合理地调节 P、I、D 各个参数，即可满足纺丝机温度控制系统的设计要求。

本章思考题

简述在温度控制系统中，如何动态地进行 PID 参数的整定，以达到最优的温度控制效果？

参考文献

[1] 孙丹，程鹏，零点对系统响应影响的实验研究[J]. 实验技术与管理，2005(22)：50-52

[2] 张爱民. 自动控制原理[M]. 北京：清华大学出版社，2006.

[3] 王建辉，顾树生. 自动控制原理[M]. 北京：清华大学出版社，2006.

[4] 高嵩，李传琦，邹其洪. 自动控制原理实验与计算机仿真[M]. 长沙：国防科技大学出版社，2004.

[5] 张志美. MATLAB 完全自学手册[M]. 北京：电子工业出版社，2013.

[6] 张志涌，杨祖樱，胡广书. MATLAB 教程[M]. 北京：北京航空航天大学出版社，2010.

[7] 王世香. 精通 MATLAB 接口与编程[M]. 北京：电子工业出版社，2007.

[8] 王伟，申爱明，林顺英. MATLAB 在“控制工程基础”课程中的应用[J]. 安徽师范大学学报：自然科学版，2011，34(2)：142-144.

[9] 杨平，余沽，等. 自动控制原理实验与实践[M]. 北京：中国电力出版社，2005.

[10] 王晓燕，冯江. 自动控制理论实验与仿真[M]. 广州：华南理工大学出版社，2006.

[11] Math Works. Control System Toolbox User's Guide (Version 7.1)，2005.

[12] 薛定宇. 控制系统仿真与计算机辅助设计[M]. 北京：机械工业出版社，2005.

[13] 倒立摆与自动控制原理实验. 固高科技，2005.

[14] 彭秀艳，孙宏放. 自动控制原理实验技术[M]. 哈尔滨：哈尔滨工程大学出版社，2006.

[15] 彭学锋，刘建成，鲁兴举. 自动控制原理实践教程[M]. 北京：中国水利水电出版社，2006.

[16] 黄忠霖，周向明. 控制系统 MATLAB 计算及仿真实训[M]. 北京：国防工业出版社，2006.

[17] 张新访，周伟. 继电反馈型 PID 自整定策略及改进研究[J]. 科技传播，2010(24)：137-138.

[18] 才智，范长胜，杨冬霞. PT100 铂热电阻温度测量系统的设计[J]. 现代电子技术，2008，31(20)：172-174.

[19] 王淑芳. 电气控制与 S7-1200 PLC 应用技术[M]. 北京：机械工业出版社，2016.